大自然为我们做了些什么

自然解读丛书

Tony Juniper

〔英〕托尼·朱尼珀　著

晏向阳　译

重庆大学出版社

前言 | 大自然为我们做了些什么?

现代人较大的一个误区，也是我不记得何时起就一直忧心忡忡的问题，就是以为大自然取之不尽用之不竭，完全无须顾及大自然也会有什么需求。很多人似乎认定只有“仓廪足”之后才能讲环保，仿佛环保仅仅是项娱乐休闲活动。恐怕还有更多的人将保护自然体系看作完全无谓的浪费，就因为这样做可能会减少工作机会或者阻碍经济发展等。

这种观点大错特错。实际上，大自然是我们所有福祉的源泉，是经济繁荣的基础。在我看来，这本是显而易见的真理，现在却还需要费力宣传，真是荒谬可悲。可是现实世界的抉择却一再违反这一基本真理。此外，世界的经济集团大都在想方设法，欲图重建各自的经济体系。因此，这本书的出版太及时了！尤其是在这些国家努力应对的巨大经济困难中，最大的危险还没被认识到。

在本书中你会读到，大自然每年为人类经济提供的服务和数不清的福祉加起来约是全球 GDP 的两倍。可是这一份为人类造福的巨大贡献，在各国经济增长的因素里却从未被提及。我一直在提醒人们，这种情形不能再继续下去了。我们已经到了一个临界点，必须认识到我们所有人以及我们的经济都是大自然体系和福祉的一部分。我们必须明白这一事实背后的深刻含义——因为我们的繁荣如此依赖于大自然，要想在这个星球上继续生存下去，就必须重新打造与地球基本生命体系的关系。

从某种程度上来说，这一观念已经逐渐在集体思想的主流当中有了立足之地。一方面是因为最新的科学研究和发现已经转化为很多令人鼓舞的实际行动了；另一方面是因为我们对大自然的依赖也正逐步明确地反映在经济政策当中。这让人们能够在保护自然体系的完整和促进经济发展、增加就业之间保持平衡。不过，倘若我们要进一步照顾到大自然的需求，首先得转换思维，同时要纠正过去几十年来一直没能对准的焦点。简而言之，我们必须更加思行一致。

比如，始于20世纪60年代的“绿色革命”（Green Revolution），短时间内确实让粮食产量迅速提升，跟上了人口飞速增长的现实需要，却也同时导致全球淡水资源紧张、气候变化异常，以及世界范围内的生物多样性消退和土壤条件恶化。生物多样性绝对是至关重要的，人类不可能强行简化自然体系，然后还指望它能够运转如常。在大自然这个精巧复杂的体系中，没有任何东西是多余的。因此，不管把什么剔除出去都意味着打破其整体平稳运行，迟早会对人类健康产生严重影响。想要跳出窠臼，看清自己到底做了什么，就不能不把这些成本考虑进去。所以，必须改变方法，避免粮食增产引发的灾难性后果，否则就会得不偿失。不过我们确实很容易只看到眼前利益——比方说现代农业科技带来的巨大经济收益，目前还没有同样高效率、高收益的方法能够代替它。可是后退一步看得更远一些，情况就没那么乐观了。实际上，前景非常暗淡，因为目前的主流技术一定程度上正在迅速破坏农业赖以生存的自然体系，这其实就是在吞噬农业的未来。

再来审视一下我们对于以破坏热带雨林方式获取经济收益的态度，情况如出一辙。雨林所覆盖的土壤及矿藏和它本身所能提供的木材资源无疑有着巨大的市场价值，可是有没有考虑过它们吸收发电站、工厂、汽车和飞机排放的大量二氧化碳方面的价值呢？有没有考虑过它们每天维持数十亿加仑的淡水循环方面的价值呢？人类每年释放的二氧化碳其三分之一都是由这些热带雨林处理掉的。这项自然服务只在最近才被换算成数万亿美元的经济价值。

别忘了，它们是热带“雨”林。要是它们从赤道上消失，很快就会影响天空的降雨量——这反过来又直接影响粮食和电力生产。所以，当我们还在讨论风力发电、混合动力汽车的生产或者节能灯泡的使用到底是好是坏的时候，地球的“救生带”热带雨林却一直在默默地为我们服务，而且不求回报。尽管越来越多的科学证据表明这些都是不容置疑的事实，可是，我们却继续无视它们，在森林价值上仍然选择了片面、短视的态度。我们真的是把死的森林价值看得比活的还高！这类急功近利的疯狂例子在当今经济界竟然还是主流，从长远看必将不利于人类的生存。如此以往，迟早有一天我们的家园会土崩瓦解。

除了精打细算的经济收益，本书还给大家展示了保护环境带来的其他生死攸关的好处。也就是说，越来越强有力的证据表明树木、野生生物及其他自然环境对人们的生理、心理健康的重要性。目前，很多国家，尤其是那些人口老龄化的国家，都在全力应对越来越严重的公共健康问题，那这些证据是不是更应该成为一时热点？

在本书中，大家可以了解到大自然是如何养育我们的——从我们呼吸的氧气到土壤、水分以及为我们的作物传粉的昆虫，从帮助控制传染病的食腐动物到为我们养育了成群鱼儿的海洋，大自然在方方面面呵护着我们。想要维持我们的幸福生活，想要有一个美好的未来，就必须了解大自然每天都为我们做了些什么。可是，正如前面所述，这些自然财富仍然被很多人挥霍浪费，就像它们是取之不尽用之不竭的。多年来最困扰我的是，我们怎么就不能实事求是地直面当前的危险处境呢？这绝非缺乏科学技术和可靠信息来源，而是另有深刻缘由。本书内容就印证了我最深切的担忧。

正如书中所述，这可能跟我们只顾眼前利益的古老本能相关。一个原因是当年人类还在靠打猎采摘维生的时候，它一度是生存法则之一；另一个原因则可能是人们觉得要在各国乃至国际保护自然的纷繁复杂的法律政策当中寻求一致简直是不可能的，尤其是还牵扯跨国乃至全球操作；还有的原因可以追溯到更深层次的人类经验之中，即当前非常令人困扰的人类整体缺乏神圣感的问题。这种神圣感非常重要。要是认为没有什么是神圣不可侵犯的，尤其是认为大自然也没什么了不起，那么就会产生可怕的混乱，连生存都很困难。所以，在我看来，本书的确是针砭时弊、切中要害。本书抓住了我们当前经济体系跟现实之间错位的问题。其差距如此之大以至于完全难以为继。这正是我看到托尼·朱尼珀的新书出来之后万分高兴的原因。它不仅为我们清楚明白地揭示了大自然到底为我们做了些什么，还提供了这些错位该如何被修正的良好实例——其中就包括大自然的价值该如何在我们现有经济方法中得以体现的途径。

书中描绘了一些简单的办法。比如在城市中心种树不仅有利于降低气温，同时还给了城市居住者接触大自然的机会。这能为人们的心理健康提供即时、有效的帮助。这样，他们的幸福感会增强，也就会减少对于代价高昂的空调的需求。从更大的层面来说，本书也描述了一些激进的计划。比如纽约市的现代化水处理系统，这个系统的运转基于良性循环的农业和森林用水实践。当然，这个项目非常宏大，需仰仗成千上万相关权益人的通力合作才能成功。而这一同心同德的努力成果就是美国最大的不用过滤的公共用水体系。它一开始就为整个城市节约了 80 亿美元的建设资金，同时还减缓了消费者水费支出的增长速度。纽约市的水费上涨不算多，可要是他们安装的是传统的水处理系统，涨幅可能就要高达 100% 了。

再从更高一层看，本书介绍了一些国家已经开始的实践：把大自然的经济价值整合到国民经济当中去。中美洲的哥斯达黎加就是这样的一个先锋。他们对大自然和经济的互动有着非常整体的概念，将其看作一个硬币不可分割的两面。于是从 20 世纪 80 年代以来，哥斯达黎加翻倍的不只是森林覆盖率，还有人均国民收入。像这样戏剧化的例子会激励我们认识到全面看待问题可以带来多么巨大的机遇。我们需要激发人们想象的灵感和无限创造力去做好这件事。

我一直在尽自己个人的有限能力，发起一些活动帮大家朝这个方向迈进。而近年来有一个积极的进展大大鼓舞了我。这就是越来越受关注的有关“自然资本”（Natural Capital）的讨论。这个术语把大自然定义成经济资本，只要管理得好，可以产生源源不断的红利。可惜这还没能成为常规做法。像土壤和森林这样的资本常常被忽视，就仿佛它们不需要任何维护或保养似的。我想不用什么财经专家也能看出来，这是通往破产的快捷便道吧！

在我看来，这种把大自然看作至关重要的经济服务而不只是经济增长的燃料的转变，是迄今为止最大的观念变革。我很高兴这个转变正在逐渐发生，不过还希望它能走得更快更远些。我当然不会天真地以为这是个轻松的过程，尤其是在当今全世界经济面临巨大挑战的情况下。可是也许正是当前让人忧心忡忡的经济状况反而给了我们一个机会，帮助这一新观念突破主流思想。哪怕就为了一条，即本书中所指出的“大自然真的是一项巨大的资本”。要是无法保持大自然的完整，就不可能有所谓稳定的前景和可持续的长久发展。

本书对“大自然为我们做了些什么？”这个问题作了面面俱到而又通俗易懂的分析。以上只是我们从中能看到的诸多重要教训中的一个。我希望它能为我们的创新提供灵感和食粮，因为它详细揭示了蕴含在大自然大爱当中的人文关怀。同时我还希望，从这一认识开始，更多的人能够理解我一直以来所追求的，也是我在所热心服务的项目启动仪式上一再强调过的理念——真正有效的解决方案绝对不能把大自然放在一边，更不可能拿什么来替代，而只能通过创造条件，让我们像大自然一样去思考、去采取行动来实现。

Charles

威尔士亲王殿下[1]

1 本书中威尔士亲王及查尔斯王子均指现英国查尔斯三世国王。——译者注

目　录

位于美国亚利桑那州南部的“生物圈2号”工程

开场白 | 封闭的世界

100——人类生存系统对大自然的依赖百分比

1——已知的，能够满足人类生存条件的星球数量

20亿~40亿——到2050年需要靠大自然养活的新增人口数量

大自然为我们做了些什么？秃鹰——准确来说是印度秃鹰——给了我们一个很好的例证。这种大鸟在印度次大陆已经基本灭绝了，这个被西方人几乎完全忽略了的事实却有着深刻的意义。因为直到秃鹰几近灭绝，印度人才突然明白它们在亿万人们的美好生活中起到了什么样的作用。道理很简单：几百年来，印度秃鹰都在勤勤恳恳地履行一项基本的清理义务，即它们把暴露在乡野的腐烂动物尸体处理干净。一群饥饿的秃鹰可以在几分钟之内把一头死牛啄食成干干净净的白骨。因此，当秃鹰绝迹的时候，那些围满苍蝇的腐尸就只能在太阳底下暴晒，那味道真是臭不可闻，难以忍受。

印度秃鹰是被注射在牛身上的消炎药意外杀死的。这些牲畜死了之后，残留在尸体里的药物被秃鹰吸收——结果要了它们的命。这很快就引发了一系列问题，不仅是因为数量高达4000万只的印度秃鹰每年能消灭1200万吨动物尸体；还因为没有秃鹰的清理，导致野狗因为食物增多而数量激增。野狗

的增加又导致被野狗咬伤的人数上升，从而引发狂犬病的流行，而这种病已经让数万人丧命。整个过程给印度造成的经济损失，据估计超过300亿美元。

印度秃鹰只不过是大自然为我们提供（或者说曾经提供）的无数免费服务中的一个例子而已。等到它没有了，我们才意识到损失有多么巨大。对这种损失的研究，已成为经济学的一个分支。研究人员已经开始为大自然评定经济价值。我们希望的是，通过进一步了解大自然的价值，能找到在经济交易中体现这一价值的工具。要是真的能在足够大范围内实现，那么影响会非常深远——其效果足以让很多传统的经济活动在数量上相形见绌。

大自然的服务之所以越来越引人瞩目，不仅是因为有经济学家和生态学家的努力，还有政府、公司和国际机构的推动。本书要讨论的就是这一点——搞清楚大自然都为我们做了些什么，大自然所做的为什么如此重要，我们又该如何来保证大自然继续为我们做下去。

很多相关资料都非常专业，但常常湮没在学术杂志和研究报告当中。为了给大家一个简洁的表述，我在本书中没有详尽引用，但在我的相关网站上列出了一系列资料，感兴趣的读者可以借此直接阅读。

在我看来，相关研究机构在数量和规模上的迅速增长标志着我们已经进入了一个新的讨论阶段。近年来有关环境的讨论虽然热闹非凡，但却主要集中于气候变化、碳排放以及如何减少碳排放。而最近爆发的新一轮讨论则开始专注于大自然为我们做了些什么（更重要的是，应该采取什么措施让大自然继续为我们服务）。从保护海岸的珊瑚礁，到通过传花粉帮助我们粮食丰收的昆虫，越来越多的焦点开始转向大自然的经济价值，更为重要的是如何保护这一价值。

在开始探讨这些价值对我们未来的发展和福利到底有多重要之前，我想先把“大自然是如何运转的？”这个问题搞清楚，明确要保持大自然的各种功能应当付出什么样的努力。因此，我们第一站要去看一个非同寻常的试验—— 一个让当初实施这项试验颇具前瞻性的创始人都始料未及的试验，它更多的是为我们的未来提供了启示。

“生物圈2号”（Biosphere 2）

20世纪80年代初，在美国亚利桑那州南部圣卡特琳娜山脚下，人们制订了一系列计划来实施一个非同寻常、独一无二的试验：建一个自给自足的生物圈，以弄明白我们这个星球是如何维持生命、保持生生不息的。

这个雄心勃勃的计划在10年以后才结出硕果。那时一个8人小组已经在这个人造生物圈里生活了2年。这个计划让人们开始审视这个生物圈到底有多么复杂、多么精致、多么丝丝相扣——我们要是自己想复制一个得付出多大努力。

地球生物圈，简单来说就是各种生物系统以及它们相互之间、它们与非生物部分（比如空气、水和岩石等）之间相互作用的总和。它是一个生命的自我调节区，整个大气层把我们与冰冷的太空隔离开来，是我们赖以生存的空间。

人类的第一个人造生物圈选址在美国西南部。那里生长着巨大的仙人掌，一派典型的美国西部电影景象。那里的环境也非同寻常。山脚下炎热湿润，森林里鲜花丛生，山峰挺拔而起，高达2700米，山顶终年积雪。夏季，消融的雪水汇成溪流湖泊。自然环境富饶优美。山坡上阴凉湿润，生长着郁郁葱葱的橡树林。再往上一点，屹立着黄松。独特的地理条件造就了品种繁多、数量惊人的动植物。橡树林里栖息着头顶通红的林莺、宽尾的蜂鸟和食蜂鹟。再高一点的地方还能找到鸟，如渡鸦。

圣卡特琳娜山脉位于图森市北部。图森是一个有着50万人口的大城市，街道密布，交通拥挤，密密麻麻的社区里挤满封闭的空调建筑。这两个世界，一个是由直来直去的柏油马路、水泥钢筋和玻璃构建出来的凡世，另一个是由各种循环、模式、迂回、反馈和流动勾连相通的神秘仙境，看上去真的是格格不入，但却有着千丝万缕的联系。两个系统，不管是森林和沙漠的，还是道路、建筑、住家和商店的，都共享着同一个生物圈。城市经济要保持活力，其所需的全部食物、水、燃料和原材料都来自这个生物圈，还有那些跟它时刻互动着的非生物系统。

这个人造生物圈——被称作“生物圈2号”（“生物圈1号”就是我们的地球）——位于图森市北部一个小时的车程之外，在山脉另一侧一个安静偏僻的角落里。它看起来就像间巨大的温室，完全由钢架和玻璃构成，包括一个长方形的区域和六个半圆柱形的建筑，面积大概有两个半足球场那么大。主建筑旁边是一对巨大的白色穹顶的结构。房子旁边分布着科技含量很高的科研设施，还有发电厂和冷却塔以及宿舍。这个建筑的外观很是抢眼，完全是20世纪70年代科幻电影里创作出来的21世纪月球基地的样子。

“生物圈2号”建于1987到1991年，目的是研究维持地球生命的不同体系之间的复杂关系和相互作用，同时测试它能不能养活8个人。它最特别之处就是完全和外部世界隔绝。

建设“生物圈2号”时在钢铁支架上铺设了超过6000块的玻璃面板，地板全是水泥，为了保证全封闭，又在上面加了一层抗腐蚀的不锈钢板。整个建筑完全密封，比肯尼迪航天中心的太空训练设施还要严密，比当时美国宇航局发射到地球大气层之外的太空飞船的密封性能还要高30倍，创建了当时人类建设的最大规模的密封系统纪录。

为了让这个系统气压保持稳定，试验场里面设置了好几个大小不同的叫作“肺”的斗室。这也是这个封闭系统的一部分，包括几个在地下的像洞穴一样的空间，这些空间跟好多巨大的橡皮隔膜连在一起。随着隔膜的收缩和扩张，空气在这些斗室和生物圈结构之间进进出出，提高或降低气压，以保证“生物圈2号”内部气压和外部气压保持平衡。这个复杂的设计可以防止整个密封生物圈不会因为太阳起落带来的气温变化而导致气压波动，导致整个建筑炸开或者被压塌。

生物圈的地下还有基础结构，一套冬季用来供热、夏季用来降温的管子。电力是由旁边的天然气发电站提供的，通过密封的电缆接入。

创建这么一个全封闭的生物圈是约翰·艾伦的梦想。他一直对远距离的太空旅行很感兴趣，想知道到底能不能建立起一个足以维持人们连续多年生存的封闭生物圈。同时，他还很想进一步了解地球上的生命体系到底是怎么运转的。几十年来，他致力于思考生物圈的奥秘及其工作原理。到1984年，他完成了“生物圈2号”的概念设计，那年他已经54岁，但仍然创建了一家太空生物圈投资公司，开始着手建设这个巨大工程。

艾伦研究的重点跟主流科学家有点不一样。一般来说，生物学和生态学研究都会更注重进一步了解整个体系中某个部分，不论是基因、种族还是各个生态系统的运行和原理。艾伦却想知道我们的生态体系整体是怎么运行的。对于这个相当创新的科学分支，人们给它取了个名字——生物圈学（Biospherics）：专门研究生物圈的学问。它超越了生态学，把问题提高到一个所有生态系统综合起来如何运转的层次上来研究。

有了这个目标，他对具体的材料和实物就不那么感兴趣了，更专注于它们之间的关系——让整个生物圈运转起来的生物之间的互动关系。还有一个研究目标，即如何在不同栽培、技术和生态体系之间寻求最和谐的效果。

这是个野心勃勃的项目，也只有艾伦宽泛的兴趣和丰富的经验才能让它得以实现。他是位旅行家、战争老兵和战区医疗服务志愿者，同时还是演员、作家和诗人。他还有商业头脑，在哈佛大学取得MBA学位。他的工作让他有机会环游全球，见识各式各样的生活体系——从沙漠到海洋，从热带雨林到意大利托斯卡纳农场，他都去过。他还是位工程师和科学家，能应对建设和维护一个封闭体系可能会遇到的技术问题。

艾伦受到了很多思想家的影响，包括俄罗斯科学家弗拉基米尔·沃尔纳德斯基。他在19世纪末20世纪初在从行星层面上研究生物圈学有重大突破，其研究也非常超前。他的名字鲜为西方人所知，部分原因是他的成果基本上没有被译为英文。艾伦亲自到俄罗斯去详细了解那里完成了的试验情况（苏联太空项目的组成部分）。有一项研究就叫“拜尔斯3号”（Bios 3），是20世纪七八十年代在西伯利亚的克拉斯诺亚尔斯克生物物理学会实施的。在这一项目中，两三名试验人员在一个封闭的体系内健康生活了半年。他们呼吸的是循环利用的空气，喝的是回收利用的水，那个封闭的体系生产了一半的食物供应试验人员。

数百名俄罗斯医生研究了参与这项研究的俄罗斯宇航员的大量身体资料。参与“拜尔斯3号”研究的科学家们，还有莫斯科的太空研究人员也都公开了他们的数据，甚至还派研究人员参与到“生物圈2号”的工程当中。他们的加入对于艾伦和他的团队来讲非常宝贵，对于保证将来8人在他创建的封闭生物圈里健康生活帮助很大。原本有人预计在封闭的体系里，细菌和真菌的感染以及微量气体的累积很快就会威胁人体健康，可是试验数据却表明这种危险并不存在。

为了寻找创建“生物圈2号”的灵感，艾伦带着他的团队参观了世界上各大重要建筑。他们拜访了法国的沙特尔大教堂，尼姆的古罗马人建造的加尔桥水渠，沿着卡纳克古老的巨石阵走了很久。他们还研究了中国的天坛、印度的泰姬陵、罗马的万神庙、墨西哥尤卡坦州乌斯马尔的玛雅城，还有秘鲁安德斯山巅马丘比丘的印加城。他们到处搜寻能够帮助达到建造生命维持系统目标的建筑设计。

当我第一次见到艾伦时，他已经82岁了，但仍对“生物圈2号”一如既往地痴迷。当时他穿了件破旧的褐色飞行皮夹克，他在跟我讲述他的故事时，他蓝色的眼睛不停地转动，闪烁着光辉。“那原本是个美苏合作项目，”他从故事的最初开始讲起，“当时还是冷战时期，想跟苏联人合作得经过福特总统和勃列日涅夫总书记批准才行，而且只是为了太空研究的一个特例。我们在伦敦的英国皇家学会跟苏联人签了个协议，是由第一个提出大陆漂移学说的地理学家基思·朗科恩牵头的。”

艾伦和他的团队费尽力气为这么一个野心勃勃的项目寻找合适的地点。它必须在合适的纬度，有充足的阳光照射才能保证系统运转。经过长时间的对比之后，他们选定了亚利桑那州。“我们在南部圣卡特琳娜山脚买了个牧场。那里原先是摩托罗拉公司的研究基地。”他回忆说。

地点找好了以后，太空生物圈投资公司就开始面对这个巨大的设计难题。这远不只是个建筑学问题。封闭系统内的温度必须保持在一定的限度内，而且里面的设施万一需要修理也只能在内部完成。一旦系统封闭就不可能再从外部把零件送进去了。玻璃结构必须坚固到承受得起各种风暴、冰雹和飓风的打击，同时又不能降低一丝日照，因为那将影响系统内所有生命——包括人在内——的生长。

他们的注意力主要集中在了地形设计上，不仅要充分利用光和水，还要保证“生物圈2号”的内部环境能保持人们的精神状态。站在社区一块突出的石头上，首先看到的是主结构大穹隆底下最中心的高塔。再往其他方向看去，北面，居民可以欣赏到索诺拉沙漠魅影。夜深人静的时候，那里可能会回响起曾经爆发的战争喧嚣。

在这个令人惊叹的设施里一共建了七个生物群系。生物群就是生物圈里的分区。生物圈是包括整个星球在内的地球上最大的单位，但在这里无法包括地球。艾伦对为什么以生物群系为单位来安排社区结构胸有成竹。“生物群系是最关键的一层。其实生态系统还在生物群系的下面，是从上往下数的第三层。从生物圈到生物群系到生物区，接下来才是生态系统。生态系统会发生变化，而且变得非常快。我们就是要在更加广域的体系内来研究生态系统。生态系统往往就是我们平常看到的风景变化的关键原因。‘生物圈2号’就是要把我们的分析提升一个层次，在更大背景下进行研究的模型。”有了这个明确的目标，五个模型很快就设计好了，分别是基于雨林、珊瑚礁、红树林湿地、沙漠和草原建造的。另外两个模型则是对人造环境的复制——农业景观和城市区域。农业模型是最先建好的，然后是野生环境，最后才是生物圈内的城市。社区的设计雏形定下来之后，艾伦就把项目的领导权交给了他信任的同事玛格丽特·奥古斯丁。艾伦自己则宁愿专注于科学和工程方面的事务，更多地去钻研整个体系运转的细节。这里面的挑战可真不少，首先的问题就是怎么建造这些生物群系。

大批专家开始了生物群系的具体设计，包括生物品种和生态系统类型的挑选。当时，难度最大的是农业、雨林和珊瑚礁生物群系的设计。

阿比盖尔·阿林是位海洋学家、鲸类专家，她负责珊瑚礁、红树林湿地的设计。她认为加勒比海的海洋生态系统对她启发很大。她带领团队在伯利兹海岸研究了珊瑚的生长。不过最后的珊瑚都采自墨西哥的尤卡坦半岛，因为那里跟亚利桑那州气候更为接近。距离也是个主要因素，因为珊瑚礁还必须跟它的生存环境一起搬运，所以时间必须尽量缩短，这样才能防止它们死亡。此外，还得建造一个适合它们的海洋环境来接纳它们。墨西哥方面组织了一支专门的警察队伍来护送，保证运送的卡车能够畅行无阻。珊瑚礁安全抵达了目的地，被安置进了已经建好的海洋系统里。红树林及其他湿地植物取自佛罗里达州，也是通过卡车运送到亚利桑那州的。

吉连·普朗斯爵士当时在纽约植物园工作，后来成了英国伦敦西郊皇家植物园的主任，他是雨林体系的主要顾问。同时，还有哈佛杰出雨林生态学家理查·伊文斯·舒尔茨的帮忙，他创建了人类植物学——专门研究植物和人类社会之间关系的学问。普朗斯参考科幻作家阿瑟·C.克拉克的《失落的世界》中的描述，设计了红树林湿地的环境。在这期间，他得到了圭亚那政府的大力支持，政府帮助他们收集了合适的植物品种。

亚利桑那州每年都会遭遇洪水淹没的河谷低地树林也被包括在了雨林生物群系里。水是“生物圈2号”的生命之血，而雨林则像其中的心脏，推动着血液循环。在回顾创建生物群系所遇到的困难时，艾伦说：“雨林是最复杂的——按难度顺序可能要排第一。普朗斯和舒尔茨干得太棒了。他们把雨林看作一个综合性整体，甚至连印第安人的作用也考虑进去了。”

琳达·利是位一流的生态学家。她领导了陆地野生生物圈的创建工作。其中包括沙漠，基本上是按照加利福尼亚的巴加迷雾沙漠来布置的。她还参与了大草原的建设，后者是基于艾伦20世纪60年代横跨东非时的印象建造的。

“生物圈2号”总体上包括大约3800种动植物。为了让体系内各类生物在人工环境里能最大限度地继续发挥作用，他们采取了一种叫作“物种打包”（Species Packing）的方法。这一方法就是要保证万一某个物种消失，会有另外的一个物种能够在系统内继续起到同样的作用——比如说某种动物得有天敌，或者食物。人们预料，在这样的封闭世界里，某一物种绝迹的可能性非常大，针对性的策略就是一开始就尽可能地保持多样性。据说这样可以保证有回旋的余地，延长稳定期限。

农业体系是由亚利桑那大学环境研究实验室设计的，由萨利·西尔弗斯通和简·波因特领导的生态技术研究所对此进行技术指导。萨利在伦敦长大，但在肯尼亚和印度都指导过促进当地农业生产安全的工作。她为生态技术研究所完成了一个在波多黎各的有关雨林可持续发展的项目。简也是英国人，她的专业经验包括在美国和澳大利亚气候非常严酷的地带搞农业开发，掌握了在极端天气条件下保证农作物丰收的技术。

原计划是要创建一个生态稳定、抗病能力强、可持续发展的热带农业生物群系。产量必须得高，因为要保证居民的营养和健康，而且还得方便打理。结果花了3年时间来培养社区内的土壤，这才让它在系统封闭前有了足够的生产力，让植物逐渐适应了里面的生长环境。亚利桑那大学试验田里总共研究了1500种不同作物品种，最终挑选了150种产量最高同时也被当时认为是最能满足人员健康需求的农作物。

艾伦非常清楚农业团队绝对不能照搬现代农业技术，因为化肥用量太大，对环境很不好。出于健康的考虑，绝对禁止使用有毒化学物质。害虫和疾病的控制都得依赖生物方式控制。在一个封闭小圈子里，各种循环的速度都比外面快很多，在这样的情况下使用有毒化学物质是不可想象的——水里的东西很快就会被喝下去。明确了这一点，农业团队开始模仿亚洲沿袭了数百年的农业体系。他们选择了几个不同的体系同时展开，这样可以照顾到各种饮食习惯。

农业体系可谓精心计划，除了农作物营养的多样性——包括大米、香蕉、木瓜、大麦、甘薯、甜菜、花生、红豆和一些蔬菜，还融合了畜牧业。家禽、家畜将陪伴进入“生物圈2号”的人度过2年的时光。里面有4只尼日利亚高原来的佩格米山羊，35只母鸡和3只大公鸡（混杂了印度灌木鸡和日本矮脚鸡以及它们的杂交品种），3只小猪（2只母猪、1只公猪），稻田和池塘（池塘里还养了罗非鱼）。这种养鱼方式在中国已经有几千年历史了。

鸡、山羊和猪不仅能提供肉、蛋、奶，也是人类的伙伴，同时还能循环利用人类不能利用的一些植物原材料。这样的农业体系不仅围绕着居民的营养需求设计，其景观也能满足美学欣赏的需求。艾伦是在参观意大利的托斯卡纳大区时得到这个灵感的，那里生长的食物完全融入当地美丽的风景中。

艾伦和他的团队非常清楚陆地生物群系，尤其是农业生物群系运转的关键核心，即目前人们还非常陌生的自然体系——土壤。在这黑乎乎的土壤里，生存着不计其数的细菌、蠕虫、真菌等微生物。哪怕是最缜密的生态学家也不一定能搞清楚它们之间千丝万缕的复杂关系。它们之间的相互作用，对植物的生长、营养的吸收和循环利用至关重要，还对水质和大气的健康状态起着决定性的作用。

空气在土壤之间一刻不停地进进出出时，大气成分悄悄发生着改变。土壤就是整个试验能否成功的至关重要的因素，所以必须万般小心地把它照料好。艾伦订购了50万条蚯蚓放入土壤。“达尔文说过，”他解释说，“蚯蚓活了，庄稼才能活。”

“生物圈2号”的团队还很清楚土壤中的细菌在他们建造的体系当中起着决定性作用。细菌在基因交换的过程中不可或缺：它们能够通过迅速改变自己来适应环境，同时也能改变环境本身。它们是生命体系中最活跃的成分。为了整个系统在稳定之后还能随着时间推移有充分的适应性，“生物圈2号”准备了种类繁多的细菌，以及几十种土壤。以确保万一发生什么变化，比如沼气的累积，土壤可以作出自然的生物反应。如果现有的细菌就能把这些气体代谢完，那么将有助于整个系统的稳定。艾伦认为，一开始就投入大量细菌能更好地利用其活跃的基因交换作用来保持整个系统的稳定。

这些精心设计的自然体系，对居住在里面的人来说当然是至关重要的。“生物圈2号”仿造一个城市景观，供里面的人员生活和工作。这一板块的设计目标是既要满足实际生活需求，又要有利于居民的心理健康。所有的材料都是精心挑选的，避免封闭后任何有毒物质的累积。国际羊毛局赞助了纯羊毛的毯子和其他一些纺织品，以免使用合成材料产生任何化学渗漏。

马克·尼尔森是要进入封闭的“生物圈2号”的8人之一。他对设计阶段的思维观念赞叹不已：“生物圈的设计过程真是非常有意思。工程师和顶尖的生态学家坐在一起来设计一个东西，这是从来没有过的。工程师们好不容易弄明白他们的工作不仅仅是要保护人类（这事他们太习以为常了），还要保护支持人类生存的其他生物。他们觉得这样的工程才真正精彩而又艰难。它不仅要有令人惊叹的设计和工艺，还要真的能够保护里面所有的生命，这样整个体系才是健康的，才能够维持生命的延续。”

马克·冯·西罗负责管理一排排的机器和装备，它们是用来保障基础设施正常运转的。当时互联网应用还不广泛，可是先进技术的运用已经让这里成了可能是当时世界上第一个无纸办公的地方。泰伯·麦克勒姆负责安装一个技术尖端的分析实验室，来完成里面计划执行的科学研究项目。罗伊·沃尔福德准备了一流的医疗设施，实现了对生物圈里居民健康状态的实时监控。

正是在设计这些设施时，生物圈（生命世界）和人文圈（人类文明世界）之间的联系才变得更为清晰。艾伦一开始就要求生物圈和人文圈的需求必须同时满足，六个生物群系的共同繁荣才能保证第七个群系——“城市”的繁荣，所以在满足人类需求的同时又不能产生任何毒素的累积。所有环境都必须在有利于生命的界限内保持稳定，“生物圈2号”里等同于都市的区域也必须承担促进这一结果的责任。

艾伦的理念是要促进相互创新，也即两大体系共同繁荣，而不是一个（人类栽培）寄生在另一个（自然）之上。这听起来有点哲学意味，但也是非常实际的。当人们被密封起来之后，里面的居民就再也不能我行我素了。他们必须关注自己生活中的每一个动作。因为相比我们的整个地球，“生物圈2号”规模有限，维持生命的各类循环速度会快得多，导致居民作出的任何变化或决定都将产生立竿见影的效果。

比如说，艾伦预测，密封后里面的碳循环可能会比外面快1000倍。为了及时监控到这些环境及技术参数的变化，整个“生物圈2号”安装了上千个感应器。它们对收集试验数据和保证居民生命健康至关重要。

为了达到整个系统的同一性，让它真正成为一个完整的单位运行，设计时从上到下又由下而上进行了仔细布置。从上到下，生物圈包含了七个生物群系，组成了不同的生物区域和生态系统。由下而上，科研人员设计了从微生物到稍大一点的有机体，再到生化作用的群体，再到社区动物、植物，再到生态系统、景观、生物区域、生物群系，最终到生物圈本身的多层次体系。

整个系统由从大到小又由小而大的各种模块拼接而成。经过精心设计，生物圈里空气和水分互动足以达到整体自给自足的效果。里面不乏“整体大于部件的累加”的现代技术理念，甚至“生物圈2号”还有进一步的超越。它的设计目标还包含“整体体现在每一部件上”的思想。

随着整个系统的组装完成，生物群系和生物区开始悄悄地与光和微生物协同作用，产出健康新鲜的空气。可是，这个密封的生物圈，真的能支持8个人在里面健康地生活到2年后该项目结束吗？里面的农业体系能生产出足够的食物吗？会不会有难以预见的微量气体让该项目难以为继呢？很多专家预言里面的生物群系会迅速死亡，还有人质疑这个系统在生态崩溃之前到底能撑多久。

在地球上，却又脱离地球

1991年9月，“生物圈2号”终于大功告成了。一块 1900平方米的雨林已经长成了。850平方米的海洋里生活着珊瑚礁。450平方米的红树林湿地、1300平方米的大草原和1400平方米的沙漠里全都生长正常。一块2500平方米的农业区为生活在里面的居民提供食物和营养。生活区已经建好了。除了一部分电力、冷暖调节是由外部提供外，一旦把门封上，唯一能进入“生物圈2号”的只有阳光和信息。

9月26日太阳冉冉升起的时候，唱起了祷词。随后罗伊·沃尔福德、简·波因特、泰伯·麦克勒姆、马克·尼尔森、萨利·西尔弗斯通、阿比盖尔·阿林、马克·冯·西罗和琳达·利走进了“生物圈2号”，密封门在他们身后咔嗒关上。他们在这个密封的生物圈里生活和工作2年的项目正式开始了。这是地球及其生命体系的一个微观小宇宙。他们的废物循环、饮用水的净化、空气质量的维持和食物的生产都将完全依赖于这个精心挑选的、封闭在这个系统里面的小小自然。

“生物圈2号”封闭后成了一个旅游景点（著名演员马龙·白兰度就是众多参观的明星之一），里面的居民也成了名人，他们是“生物圈2号”健康和活力的标志。数年前，美国第一架航天飞机载着经过无数次艰苦训练的宇航员升入太空，创造了历史。如今，八人成员穿着模仿宇航服的连衣裤走进了“生物圈2号”的小宇宙。他们虽然身在地球，却同样开启了一次史无前例的远航。

跟其他成员一样，尼尔森在正式进入试验之前也曾在一个类似“生物圈2号”的微型模型里进行过短暂测试。他把那次测试说成是“一次震撼心灵的经历”。“里面只有一间客厅那么大，你时时刻刻都能看到那些为你提供呼吸的空气和主要食物的植物。我以前当然也学过这样的原理，可是却从未体验过如此彻底地跟自己的生命体系全面结合在一起的极端快乐。我就是整个生命体系的一部分，我从心底里万分感激它为我提供了生存必需的一切。那二十四小时是我经历过的最为震撼的时光。它真的让我迫不及待地要开始大试验了。”

尽管如此，尼尔森进去之后还是“经历了一种休克”。他记得，“我们一起种植粮食作物，一起测试系统和团结协作。开始的时候，有无数的科学家和技术人员帮助我们，然后突然间就只剩我们8个人锁在那个奇异的世界里了。我进去的时候非常兴奋，那是对未知迈出的巨大一步。有些技术人员私下打赌说我们熬不到接下来的圣诞节，很快就会因为二氧化碳超量而被迫撤出来。”

空气成分确实是个生死攸关的指标，同样关键的还有日复一日的健康食谱。在“生物圈2号”封闭之前，他们就种了些粮食作物在里面。第一年，农业体系为他们提供了80%的食物。尽管食谱包含了各种营养作物，但是队员们整体上还是遭遇了饥饿，体重下降。第二年，热量供应增加了一些，他们恢复了部分体重。尽管食物供应有起伏，但是他们的健康都没问题，事实上，好多指标还有巨大改善。比如胆固醇的下降和免疫系统能力的提升。

之所以能成功提高食物产量，主要归功于八人成员对“生物圈2号”内终极生产资源也就是阳光的进一步充分利用。“大多数农民靠降雨吃饭，”尼尔森回忆说，“不过对我们来说，最主要的局限是太阳下山。任何有阳光却没有植物的地方就是浪费，必须立刻纠正。这不仅帮我们解决了食物问题，也解决了二氧化碳问题。第二年我们的食物产量增加了一吨，主要是靠利用原先没有种植作物的空间得来的。”

尽管采取了很多策略来增强封闭在玻璃泡泡里面的系统的稳定性，但里面还是很快发生了变化。不出所料，空气中的二氧化碳浓度大起大落。在封闭系统之外，二氧化碳的浓度大约是370毫克/立方米，虽然每年有小幅的上升趋势（现在仍然如此，2012年时已经上升到了396毫克/立方米），但这种温室气体在全球基本上还算稳定。

在“生物圈2号”内部，二氧化碳浓度每天起落的幅度高达600毫克/立方米。一到白天，植物开始吸收二氧化碳，其单位值就迅速下降；而在晚上，植物开始释放二氧化碳时又急剧上升。尼尔森回忆说，“我们坐在控制室里看着这些数据的起落。每隔15分钟左右就会重新计算一次二氧化碳的含量。哪怕没法看到窗外，也能知道什么时候乌云把太阳给挡住了，因为随着光合作用的减弱，二氧化碳浓度的下降就会减缓。”

二氧化碳浓度起落较大的时候是在季节交替时期。冬天能达到4000~

5000毫克/立方米，夏天则是1000毫克/立方米左右。科学家们想尽办法保持二氧化碳浓度的稳定，比如，他们加大浇灌力度，提升那些生长迅速的植物吸收二氧化碳的能力。他们还从大草原上收集植物材料，以便保存它们以及它们所储存的碳。

微量气体的积累倒是没有人们预料的那么严重，但大家还是非常小心地避免任何释放有毒气体的材料。然而，系统封闭之后不久就发现有东西在释放有毒气体。内尔森记得，“我们测量到某种微量气体的增加。外面的科学家告诉我们那种气体来自PVC胶水或者溶解液。我们到处搜索，终于在黑乎乎的存放技术设备的地下室里找到了一小瓶胶水。把它收起来的时候，它的盖子已经有点松了，所以才一直散发着我们检测到的气体气味。把它封好之后，那种气体气味也就慢慢下降了。”

其实就内部居民的健康来说，更让人担心的还是里面氧气含量的变化。一开始里面的氧气含量是正常的21%，但封闭后就开始不断下降。16个月之后降到了14.5%。对生活在里面的人来说，这相当于海拔4000米以上的氧气含量，会让人产生头疼、疲劳等不舒服的感觉。

一开始人们搞不明白二氧化碳含量为什么上升。有人怀疑是因为土壤里微生物的活动。他们认为这些小生命分解土壤里的碳基分子速度远超过预期。当原先锁定在土壤有机物里的碳原子从化合物里被释放出来之后就会和空气中的氧气结合成二氧化碳。这一过程可能导致了二氧化碳浓度的增加和氧气的减少。

不过，二氧化碳并没有增加到人们预测的那么高，试验显示还有一个导致这一空气成分变化的因素：二氧化碳被“生物圈2号”里暴露的水泥表面吸收了。就像真实世界里的含钙丰富的岩石一样，“生物圈2号”里的二氧化碳被转化为碳酸钙，成了地理沉积物。

这样回顾一下，艾伦的意见是，“最大的工程失误就是在里面留了那么多光秃秃的水泥表面。我们没有涂上涂料，结果二氧化碳分子就钻了进去，把氧气也消耗掉了。氧气含量就一直下降，不断地下降了16个月，直到人们感觉非常不舒服。”最后被迫人为提高里面的氧气含量，以保证“生物圈2号”里居民的健康。

尼尔森回忆说：“人们从外面看着我们，就像看慢动作镜头。这是因为我们吃的食物热量较低，同时也是因为氧气含量较低。当时低到不得不往肺膜里面注入氧气，以提高设施内的氧气含量。氧气含量最低仅仅只有14%，结果我们都撤到那个肺膜里。肺膜里的氧含量大概是25%。后来才慢慢扩散到了整个‘生物圈2号’。缓解后我们才开始笑，才跑得动。然后我才意识到，好像有三四个月没听到伙伴们跑动的声音了。重新吸到含氧量正常的空气才能让你感激那些平时你习以为常的东西——清新的空气、水和食物。‘没有生物圈就没有免费的氧气。’这真的是一个惊人结论，可是你只有进到里面才能真正明白这一点。我进到那个肺膜里时像个95岁的老人，好像我的身体老了几十岁。可是有多少人会感激生物圈给了我们氧气呢？”

不仅仅是空气发生了未曾预料的变化。一些雨林植物虽然生长飞快，但却脆弱不堪。同样的情况还发生在大草原的一些木本植物上。这是因为里面缺乏强劲的能帮助它们长得强壮而有弹性的自然风。迷雾沙漠看上去很像加利福尼亚的灌木，红树林长得非常繁茂，但是跟真实世界里的还是有点不同，即下面的根系很浅，可能是因为玻璃框架降低了日照强度。

动物方面，有些脊椎动物被放了进来，比如鸟类、鱼类和爬行类动物。但它们很快就绝迹了，或者至少是数量急剧下降。很多授粉昆虫死了，不过有些害虫包括蟑螂（虽然它们也算是履行了部分授粉的工作）倒是“子孙满堂”。为了维护雨林的繁荣，特意引进的几种蚂蚁不见了，倒是那些不小心被封进来的当地蚂蚁反而活得挺自在。

海洋里也有变化。由于海藻生长过于迅速，科学家们不得不潜入水里，动手把它们从珊瑚礁上清理掉，否则珊瑚礁就会被闷死。因为海藻吸收了大量二氧化碳到海水里，水中的碳酸度慢慢升高，水就变酸了，于是向水中加了些钙中和一下。否则整个海洋体系就会出现严重后果，比如珊瑚礁的死亡，因为它不能在过酸的环境中正常生长。

除了这些生态变化，8位居民倒是基本健康，对此采集到了大量的数据。1993年9月26日——在进入“生物圈2号”整整2年之后——他们出来了。除了对“生命体系是如何运转的？”这个问题有了全新的认识之外，他们也证明了“人类是如何在一个小小的自然片段里健康、创新地生存下来的？”8位居民靠2000平方米的农田、一个小小的大气圈和一小部分水活得很好。他们是第一群生活在另一个生物圈内的探索者。

尼尔森在回顾那两年时说：“我们从这次试验中得到了一个重要信息，即‘生物圈2号’清楚地向人们展示了人类不能独立于生物圈之外生存。生活在那样的一个系统里，让人真实地感受到了你的身体跟它的互动真的是一种令人震撼的经历。你的身体本能地知道不能破坏那些植物——这个想藏都藏不住，根本不需要谁来提醒你。”

这一含义深刻的信息似乎也得到了更多公众的关注。“我觉得那些来看过我们的人肯定会有所触动的。不断有人来参观“生物圈2号”，把我们看成是某种先驱，令人非常感动。”尼尔森说。

艾伦很高兴这次任务终于胜利完成了，“他们在里面生活了2年，而且把系统维护得更好了，比他们刚进去时更能自给自足了。”他尤其对里面的农业生物群系感到骄傲，“在这两年中，半英亩土地养活了8个人。他们每天只需要在地里劳动半天，剩下的时间可以做其他工作。照这样放大的话，每平方英里的土地能够养得起1万人，还可以吃得很不错。‘生物圈2号’创造了一个产量纪录，足以和所谓现代农业的最高产量相匹敌。”

最重要的是，“生物圈2号”为人们上了一堂活生生的课：我们的生物圈为什么就是我们用得上的唯一的生存系统？除了证明无污染的农业（没有杀虫剂，没有除草剂，没有化肥）也可以有很高的生产力外，这次试验还展示了该怎么设计一个技术区域，让它既能够跟生物圈和谐相处，又能为人类服务。这次独一无二的试验还指明了人类活动的极限，比方哪些活动必须有所限定，否则我们的生命维护系统就会因无法承受而出现问题。

在完成预定工作之后，艾伦和他的团队在第二次封闭试验中交出了“生物圈2号”的所有权。第二次封闭试验于1994年3月开始，虽然原计划要持续到1995年1月，但最终却提前结束了。中止的原因众说纷纭。艾伦虽然没有直接参与，但他还记得“一开始一切正常，可是六个月后却被关闭了。没有明确的理由。我怀疑是土壤出了问题。”后来，这个封闭系统的管理权被哥伦比亚大学接管了。现在，这里被保留下来，作为亚利桑那大学的研究设施。

圣卡特琳娜山脚这个20世纪80年代首创的地球模拟系统之所以被取名为“生物圈2号”，是因为“生物圈1号”已经存在了。“生物圈1号”，大家都身在其中，这就是整个地球的生物圈，它是我们目前所知唯一存在的此类系统。“生物圈1号”跟“生物圈2号”有些基本的相似点，最明显的就是它们都是封闭的系统。跟圣卡特琳娜山脚下的“生物圈2号”一样，“生物圈1号”的主要输入物是阳光。本书接下来的部分就主要来讨论这个神奇的系统：这个全封闭的，我们所有已知生命所依赖的世界。我们对“生物圈1号”的认识，就从一个最基本的、无数生命所依赖的陆地——也就是人们所谓的不可或缺的尘土——土壤开始吧。

牧场“双城记”：不同的放牧方式让同一块地呈现出天壤之别

Chapter 1 | 不可或缺的土壤

超过 90% —— 的食物是土里长出来的

三分之一 —— 的耕地从 20 世纪中期以来已经退化

55 亿吨 —— 空气中的二氧化碳可以被土壤吸收，（每年）倘若我们改变土壤管理方式

东盎格鲁沼泽原先是一片片的湿地。一片片的树林和草地从剑桥北面一直延伸到东英格兰海岸，那里有一块叫沃什的浅滩与北海相连。如今，这片原本宽广的栖息地只剩四个很小的部分，统统被欧洲最为精耕细作的农田包围着。

沼泽地改造曾经是英格兰农业史上伟大的里程碑之一。几百年来，农民们不断地跟自然和海水斗争，争夺土地控制权。终于在17世纪，这块荒芜的湿地整体上变成了一块高产的现代农田。这是荷兰工程师科尼利厄斯·费尔默伊登的杰作。他拉直了河道，利用荷兰已经成熟的风力水泵，实现了大面积的灌溉。

不过，沼泽改造的重大变革还在后面：把惠特尔西湖的水抽干。直到18世纪50年代初期，这片长满芦苇的水域一直是英格兰低地里最大的湖。夏季大概有7.5平方千米。冬季还要再大一倍，有些地方深达6米。里面长满了鱼

虾，吸引了无数鸟儿在此栖息。

虽然在荷兰人的指导下修建的新的河道和风力抽水设备，对沼泽的改造起了重大作用，但只有后来新发明的蒸汽动力抽水机的应用才真正快速颠覆了这里独特的自然景观。新的抽水机能在一分钟内抽走70吨水，带来的直接后果就是惠特尔西湖传统的夏季航运和捕鱼以及冬季猎鸟和滑冰的活动戛然而止。其他变化也很快一一显现。

彼得伯勒市南面的霍尔姆沼泽是劫后余生的四块栖息地之一，还稍微留有当年的模样。1851年它就在惠特尔西湖边。1852年，因为预见当时周围如火如荼的抽水运动会把水面和芦苇地变成麦田，当地地主威廉·威尔斯实施了一个异想天开但却被证明非常有效的环境监测项目。

威尔斯要他的工程师朋友约翰·劳伦斯把一根很长的铁柱子埋到地里。这根铁柱据说是来自1851年举办了世界博览会的伦敦水晶宫的铁架子。整根柱子被埋进泥浆里，底下用一个木头底座固定。底座被深深埋在泥土里，确保柱子不会移动。铁柱的顶端刚好露出地面。

铁柱当然没有变形，也没有挪窝儿，可是土地却变了。铁柱的顶端露出如今已经干涸了的沼泽地面4米左右。因为地面下降，周围的农田现在已经处于海平面以下2米多，成为英伦诸岛的最低点。如今，这里是一排排整齐的田地和灌溉渠，一点也看不出剑桥郡北部的这块土地曾经是一个大湖的湖底。

导致土地收缩的原因是人们在这片肥沃的黑泥地上的过度耕作，其中经济收益是巨大的动力。这些宝贵的沉积物自上次冰川期就开始在这里沉淀了。当海平面上升之后，堵住了沼泽中河流的出海口，于是整个土地“水漫金山”，死掉的植物没有完全腐烂，加上其他一些有机物慢慢积累下来，于是就形成了今天的泥浆。这些泥浆历经8000年才形成，最终成了英国最好的农田。跟所有的农田一样，它的产量和价值也是由当地土壤特质决定的。

神奇的土壤

土壤就在我们脚下，但却经常被我们忽视。土壤也许是人类安全和福祉里最容易被忽略的。土壤不只是农业和粮食生产的前提，也是保证地球上无数生命维护体系正常运转的错综复杂的网络基础。

土壤是我们这个生命世界（生物圈）和石头世界（岩石圈）之间的媒介。这不仅直接反映在植物都是土壤里长出来的这一事实上，而且反映在土壤还是我们这个星球上一个高度复杂的子系统，是生物圈与岩石圈交杂混合之所在。我们在“生物圈2号”里发现，土壤也是大气和生命互动发展的地方。土壤的重要性非同小可，可却只不过是一层脆弱的皮肤而已，尤其是在把它跟大气层或者地幔对比之时。

光凭“土壤”一词是很难描述清楚这一结构复杂、功能繁复的体系的，尤其是当你想到土壤里的各种成分有着天壤之别时。因为土壤的组成非常丰富，它的基本成分是风化的石头、死掉的生物、活着的生物、气体和水分。把这些成分分别剥离出来，大概比例是岩石45%、空气25%、水分25%、有机物5%。当然，不同的土壤差别很大，比如泥沼的成分就是以有机物为主。

一般来说，土壤的特征中最重要的是地理成分。沙性土壤颗粒很粗，主要有石灰岩、石英、花岗岩或者冰川风化以及河水沉积物。淤泥土壤颗粒更细，通常都很肥沃，但容易被水侵蚀。影响土壤性质和属性的另一个主要因素是它里面包含的生物数量——无数小生命，包括腐化的动物尸体、树叶、木头和植物根须。

土壤的有机物承担着一系列重大功能，对土壤的最终表现起着决定性作用。例如，土壤里的有机物可以容纳本身质量20倍的水，因而能抵抗干旱；土壤可以储存大量水分，还能在雨季时降低洪水的风险。

土壤里的有机物富含碳基分子，是能量的源泉，因为碳基分子是所有生物中最重要的成分。说到在地下活着的或者跟地下有关系的动物、植物和微生物，那数据绝对让人头晕。

例如，10克健康的耕地土壤（也就1勺）所含细菌数比全球人口数还多，而这些细菌的种类可能至少有2万种之多。让人瞠目的不仅仅是种类和数量——在1公顷（1公顷等于1万平方米）耕地的土壤里，细菌的体积可能相当于300头羊的体积！

除了非常小的有机物（细菌、真菌、原生动物和线虫等），还有大一点的生物（蚯蚓、蜈蚣和各种昆虫等）。这些数量惊人的各式各样的生物承担着无数关键性工作。

其中一项工作就是分解。正如这个词的字面意思，是要把东西打碎成最基本的组成部分——在这个过程中释放营养成分，从而促成新的生长。这些数以万亿计的细菌、原生物和线虫就是生态过程的初始，促成了我们生命体系的成长繁荣。至少对陆地的生命体系来说是如此。

分解之所以如此重要，还因为它是土壤里能量储存的必经过程。只有打破植物和动物尸体里有机物中碳基分子结构，细菌、真菌、线虫和原生动物等才能将其当作自身成长和繁衍的原料。大多数土壤都是复杂的体系，目前我们还只是一知半解。像蚯蚓的至关重要性虽然早已经被科学证实，但最新的科学发现才让我们对土壤里其他有机物（比如真菌）的微妙角色有所了解。

土壤的恩泽

先不管其复杂性，土壤显然给人类带来了很多恩泽。我们的食物90%依赖于耕地源源不断的生产（只有海洋里的野生鱼类和极少数水培温室作物例外）。

现代食物不管经过多少包装和营销，其生产最终还得仰仗于土壤里那支细菌、真菌、原生动物类大军。它们中很多甚至连一个学名都没有。下一次，当你拿起一包豌豆的时候，要记得它们的“生产者”到底是谁——绝对不只是包装上著名商标持有人的功劳！

大家平常注意到的只是土壤被贴上了“尘土”的标签，成了被躲避的对象，是要被洗掉或拿水泥盖上的。“尘土”带来的不便使得城市里很多土地被木板、沥青或者砾石盖住，甚至被大量喷洒除草剂。

我们必须反思我们跟土壤的文化关系，这不仅仅关系到未来的食物来源，还关系到近年来被提到发展议程上的土壤在碳循环和存储中的角色问题。有机物，包括土壤里的生命成分（比如说根须和微生物）在这方面都有着不容小觑的功效。

虽然很多人都换上了节能灯泡，把车放在家里不开，跟家人和朋友辩论风力发电的优缺点，可又有多少人想过土壤会是解决大气中二氧化碳不断上升问题的主要工具之一呢？

研究人员估计，仅仅在英国，就有大约100亿吨的碳储存在土壤当中，这比欧洲全部树木储存的碳数量还多。英国高地土壤里泥炭含量丰富，光是这部分土壤里有机物的碳含量就比英国和法国所有树木加起来还要高。低地土壤里的碳含量也毫不逊色。

如果把这个放到更大的背景下看，全世界土壤里的碳含量估计比大气层和所有植物的碳含量加起来还要多。霍尔姆沼泽地里那根因为土壤不断收缩而突出沼泽面的铁柱，证实了这一正在发生的变化。碳含量之后另一个重大问题“如何有效供应和利用淡水”，已提上国际议事日程。土壤能帮助净化水质，珍贵的淡水在土壤的帮助下进入岩石下的蓄水层，不仅能净化水质，还能防止其直接流失。土壤本身也能储水。这一属性帮助世界上大多数人喝上了淡水。

根据相关机构为英格兰和威尔士所做的一项估测，1公顷的土壤，存储和过滤的水足以满足1000人的需求。提高土壤的储水能力也能提高食物产量，尤其是在雨水少的季节。随着气候变化带来的越来越多的极端天气（包括干旱等），土壤的储水能力会成为保证庄稼收成乃至食品安全的一个越来越重要的因素。

疲惫的土壤

不过，耕作也会令土壤系统严重“疲劳”。耕作不仅是将土壤暴露于空气当中，同时也打破了土壤的结构，被打碎的土壤粒子非常容易被侵蚀。干燥的时候，土壤会丧失黏性，风会把土壤刮起来，形成一团团飞尘，有时能被“搬运”到数千英里之外。其他形式的土壤退化也会导致同样的结果。2004年3月6日，美国宇航局的卫星捕捉了一幅令人震撼的画面，一股巨大的沙尘云从北非横跨大西洋，它的整个跨度长达地球周长的五分之一。这股气流卷挟了大量尘土，一路洒到了加勒比海。

土壤变成尘土被风吹走，不仅仅是发展中国家所面临的问题。20世纪30年代，美国中西部农民就面临着土壤退化的问题，因为过分精耕细作破坏了保护性植被，干燥的气候把土壤晒成了灰尘。1934年的大风把一片面积约5000万英亩，曾经是俄克拉何马州和堪萨斯州最富饶的农业地带变成了著名的“灰盆”（Dust Bowl）。

土壤的侵蚀通常是由风力造成的，不过在某些地区，降雨可能会是更大的罪魁祸首。我们经常可以看到流失的土壤令河水变成了可可或者茶的颜色。中国著名的黄河，其名字由来即是如此。黄褐色的土壤被河水冲刷侵蚀，在河流强大的搬运力作用下奔向大海。黄河的中下游地带是世界上水土流失最为严重的地区之一。受灾区域面积是英国国土的1.5倍，每年流失的土壤高达16亿吨。（现已逐步改善。——译者注）

表土流失是土壤退化最严重的症状，是包括美国和澳大利亚在内的很多地区面临的重大问题。据推测，在风力或者水流作用下，每年有超过1000万公顷（2500万英亩）的庄稼地退化或者流失。根据一项权威评估，已经有10个英国那么大的耕地面积退化到了基本无法种植粮食的地步。从全球来说，自20世纪中期以来，大约有三分之一的耕地土壤或多或少地退化了。

土壤的形成需要长时间的积累：比较合理的数据是每年能长1毫米。可是很多地方的水土流失速度远超过这个速度，而表土的流失基本上可以看作一种不可再生资源的消耗。在美国，很多地方水土流失的速度是其形成速度的10倍；而印度或其他国家的某些地方，水土流失的速度估计是其形成速度的40倍。

除了这些看得见的水土急剧流失外，很多地方的土壤侵蚀是很小的，人们未必能够看得见，但年复一年，土壤的这种流失（或者说破坏）最终会导致重大变化，就跟霍尔姆沼泽那根铁柱显现的一样。在那片土地上，抽水先是导致泥浆萎缩，然后，因为暴露在了空气中，土壤中有机物的碳跟氧分子结合形成二氧化碳，即所谓的氧化和“挥发”，土壤就会变成看不见摸不着的空气了！

随着泥浆土被抽干、翻动，这个过程持续发生。东英格兰的沼泽泥浆以每年1~2厘米的速度流失和收缩着，对这个重要的农业基地粮食生产有着明显影响。某些地方的泥浆已经流失到底土完全暴露的程度了。这样下去，受影响的就不仅仅是粮食生产了。有研究估计，英格兰暴露的泥浆地每年散发出近600万吨二氧化碳。

土壤不仅能改变气候，也很容易受到气候的冲击。温暖的气候和空气中较高的二氧化碳浓度可以提升植物生长的速度，从而促进产量，可是极端的天气条件也会导致完全相反的效果。所谓极端条件，包括强降雨造成水土流失加剧，干旱或者季节性降雨变化导致土壤湿度降低等。

如今的土壤已经疲惫不堪，它的提供全面营养和服务的能力大打折扣，在有些地方甚至是奄奄一息了。

我们还有多少土壤能流失?

简·里克森教授是一位土壤问题专家，她是英国国土资源研究院水土保持和管理组负责人，是杰出的土壤科学家。她在贝德福德郡克兰菲尔德大学的实验室有一整套设备，专门用于研究土壤是如何运作的。

有一个设备，一条沟槽里装满了完全由机器压紧的土壤，是为了模拟成土壤板结的效果。此外，用来研究不同的家畜密度对土壤会有什么样的影响，以及农民该如何管理土地以减少侵蚀。实验室里有降雨设备，可以模仿成各种降雨，从毛毛细雨到强热带风暴均可。这样就可以研究它们对各类土壤分别会产生什么影响。还有一台机器专门用来研究雨滴是怎样在空中晃动、旋转，以及最后落到地面会对土壤产生什么样的影响。诸多研究工具能帮助我们积累更多、更为详尽的关于土壤内部到底发生了什么以及为何如此等的知识。

虽然里克森教授的研究工作专注于土壤工作原理的细节，但她最为惊人的论断却是关于整个土壤系统的。“土壤系统绝对不只是各个部分的累加。”她说，“我们有非常出色的土壤化学家、土壤生物学家和土壤物理学家，他们在各自领域都是专家，我们要了解的是整个土壤系统。在我看来，它就是个鲜活的引擎，能够自我调节、自我运转，但只要随便拿掉哪一部分，它都会停止工作。”

她还提到，“土壤被破坏和消耗的速度远高于其自我恢复的速度。土壤流失的速度必须与形成的速度保持平衡才能持续发展。土壤的净流失意味着很多服务无以为继，包括食物的生产。在无法接受、无可挽回的灾难到来之前，我们还有多少土壤可以流失呢？很不幸，要想找到这个问题的答案不是那么容易。”

虽然很难给出一个确切的数据证实何种程度的土壤流失会让整个社会无法承受，但我们的确知道历史上曾经有过这样的例子。从例子中可以看到水土流失是如何导致社会紧张，最终使整个文明崩溃的。在冰岛、尤卡坦半岛和某些偏僻的太平洋岛屿，都发生过水土流失引发的粮食安全危机，最终导致社会解体。

据估计，当今大概有10亿人生活在土地退化、食物产量降低的地区。较严重的土地破坏发生在中国、非洲赤道以南和东南亚部分地区。换句话说，就是人口增长迅速的地区。

近几十年来，从全球范围来讲，侵蚀导致的耕地流失，因为更加精耕细作的方式，以及开垦新的耕作区域会得到部分补偿，因此在1985—2005年，农田和草场面积扩大了1.54亿公顷，然而这绝大部分是靠牺牲热带雨林来获取的。

全球已经有超过24%的陆地面积被开垦，它们主要集中在印度、欧洲、俄罗斯西部、中亚、北美、南美东部、撒哈拉以南非洲、中国以及东亚的其他部分，另有四分之一的陆地面积被辟为草场。没有被开垦的其余区域不是太干、太冷，就是太多山了。而那些被开垦的区域，显然是以牺牲原来的自然栖息地为代价的。在过去的两百多年里，人类已经把这个星球70%的草地和将近一半的落叶林地变成了农业用地。

虽然未开发的处女地可以用来增加粮食生产耕地面积，但还有更重要的理由要保证这些未被开发的地方保持原本的样子——我们后面再讨论这些理由。

在粮食供应紧张的步步紧逼下，土壤流失已经成为全球的焦点问题。我们已经到了一个不可随意再改造自然栖息地的地步，越来越多的希望只能寄托在现有土地上。世界人口已经超过80亿（截至2022年11月15日，联合国人口统计——译者注），到21世纪中期会突破97亿。这就意味着在这期间我们必须找到一个每天多养活几十万人的方法。而全球人口最高可能在2080年代达到104亿峰值。

人口不断增长的同时，我们还得解决当前已经存在的一亿人无法填饱肚子的问题。基于这些事实，联合国粮食及农业组织（FAO）估计，到2050年，粮食的需求大概会有70%的增长。这一估计可能有点过高，但几乎所有的专家都认同粮食产量必须在有限的土地资源（加上海洋资源）基础上增加。

有人显然已经认识到了有限的现有土地数量和对粮食不断增长的需求之间的差距，因为不论是为了赚取暴利还是为了防止食物短缺，在2009年，已有外国机构买下了估计有两个英国那么大面积（大约5600万公顷）的土地，其中包括养老基金或者代表国家操作的独立财富基金等金融机构。对这些投资者来说，土地供应和粮食需求之间越来越狭窄的空间就是他们冒险投资的最大动力。

不幸的是，我们期盼的不仅仅是更多的粮食，能源的需求也会上升，而这个需求也必定会体现到对土地的需求上，主要是对生物能源的需求（包括对液体生物燃料的需求）会急剧上升，以弥补矿物油（能够生产出柴油和汽油的）供应的不足。对木材和其他生物群系的需求也会上升，用来作为发电和供热的能源。这些都将进一步加大对土地的需求。同样还有造纸、纺织和建筑材料等，所有这些都要依赖土地才能产出。

未来几十年，基础设施建设及城市发展也会对土地有强烈需求。新建城镇的面积需要有300~500个伦敦那么大，才能容纳下2050年的城市人口数量。如此，大片土壤将被埋没在水泥和沥青下面，而且几乎是永久地被埋没。在全世界的城市边缘，肥沃的土地正飞速被住房、道路和写字楼吞噬。

过去那种靠增加土地供应来满足对土壤服务不断增长的需求的模式,未来已经不可能再重复了。《千年生态系统评估报告》（*Millennium Ecosystem Assessment*）指出，1960—2000年，粮食产量增长了大概2.5倍。这些增长的部分是靠改进农业生产技术（这也是土壤退化的原因之一）和开垦新的耕地得来的。虽然技术改进很重要，但是它本身满足不了我们对土地产量不断增长的需求。明白了这点，保护、提高、恢复土地生产力就将是我们未来最主要的任务。

简·里克森认为，我们需要通力合作来提升人类赖以生存的土地服务，"鉴于土壤是个如此复杂的体系，也许我们该思考的是如何来管理优化它的服务，而不仅仅是提升它的某个功能——比如粮食生产。然后，我们才能确保某种服务不会削弱土地为人类提供其他服务的能力。"

好兆头

幸好，这个基本却至关重要的观点得到了广泛的理解，人们已经开始致力于将其变成现实。即便是在几十年来一直支持各种农业生产导致土壤遭到破坏的政治体系中心内部，也有人发出了必须改革的声音。

最近一次到华盛顿的时候，我看到地铁的海报上写美国玉米种植者已经在努力减少对土壤的侵蚀了。海报上的信息显示，土壤不再无足轻重，而是关系国计民生的重大问题。这类问题终于进入了政治运动中，这当然是个好兆头。也许美国前总统富兰克林·罗斯福当年如雷贯耳的名言"破坏土地的国家就是自寻死路"终于被人们听进去了。

这一认识在很多地方都得到了行动支持。减少传统的翻耕，可以降低甚至避免土壤中最重要的表层被破坏，这对土壤的健康有很大好处。这种做法已经在北美和南美应用得越来越广泛。人们已经看到了由此带来的好处——比如保持水分，节约了拖拉机的燃料成本。美国的长期研究表明，通过这种精简耕作的方法，土壤里的有机物因被无休止地翻耕而造成的流失已经基本停止并被扭转过来了。

发展农作物的多样性也可以保住土壤的服务能力，同时又满足人们对土壤不断增长的要求，比如种植多年生农作物。小麦、大麦和玉米都是通过野生草本植物驯化而来的，只能生长一次，它们每年结了果实（谷物）之后就会死去，这是全球农业的基本模式。可以说，全球三分之二的耕地上种植的都是这样的庄稼。

正在进行的某项研究表明，让这些草本植物在同一根系上年复一年地再长出谷物来（就像草原上的有些草本植物），这样就可以避免每年都得翻耕和播种。当然实施起来还有很多困难，如果真能种植多年生谷物，最大的好处就是能够增加土壤的碳储量，更好地保持水分，防止水土流失。

还有人更为大胆地提出，我们得多走几步，只有模仿自然生态系统才能获得土壤的最大收益。农林研究信托基金，正如其名，是个研究粮食能否从森林里产出而非地里的机构。虽然在一些热带地区，农林的结合已经成为一种农业模式，但这个基金会的工作却是要搞清楚这种模式能不能在温带地区实现。

他们的试验基地设在英格兰西南部德文郡的达廷顿，已经有了一些很有意思的成果。研究计划设计一个自给自足的体系，目标在于建立一个多品种体系。其原理是多品种可以防止害虫和疾病的蔓延，同时也能让作物在极端天气面前更加坚强。这一计划旨在建立一个能够产出多种水果、坚果，以及可食用的植物叶子、药用植物、木材和纤维等的综合农业作物体系。

大概有140种不同的乔木、灌木作物被引进来组成最高一层的“冠盖”。品种从最常见的苹果树、梨树、李子树到少见一些的杜鹃花、栗树、欧亚山茱萸、高丛越橘、皂荚树、山椒树、枸杞树、桑树、柿子树、温柏、杨梅树、板栗树等。因为这一带降水比较多，还种了一片柳树为编篮子提供原材料。

灌木占据了大树下面的主要空间，包括常见的水果（黑加仑和木莓）以及其他植物，比如伏牛花树、沙枣树、日本苦橙、俄勒冈葡萄、三尖杉树和唐棣。很多在底层的灌木都能吸收氮气，为其他植物提供肥料。

春天的时候，试验地里翠绿叠嶂，生机勃勃。画眉鸟在枝头高声歌唱，微风送来各种花香。不过，相对地面的万物生长，底下土壤里才是发生变化最大的地方。土壤里最重要的角色就是菌根真菌。这些有机物能够为大树提供营养，改善土壤结构和控制疾病。作为回报，大树为它们提供糖分。事实上，大树生产的五分之一的糖分都给了这些土壤里的真菌，足以说明大树和土壤有机物之间的亲密联盟关系了。大约90%的地面植物其成长依赖于真菌，所以这层关系是极其重要的。这些真菌除了帮助植物生长，还在土壤里存储了大量的碳。

马丁·克劳福德是这个基金会的主任。“我诧异于这个跟森林一样的花园这么快就自给自足了，”他对我说，“很显然我们才刚开始明白菌根真菌的本事有多大。比如我们发现植物可以通过这些真菌相互传递信息，比如警告害虫入侵，从而在害虫到来之前就开始在叶子上产生化学物质将其抵挡住。我相信像这样的惊喜肯定还有很多。”

他接着指出，农林综合体系还有很多好处。从大树的“冠盖”可以减少水分流失，到保持土壤营养、维护有机物质，再到循环利用断枝落叶等有机废物。相对于只种植单一作物品种，作物综合混种对太阳能的利用效率更高，而且不用化学药物就可以防止病虫害。

更重要的是，针对最近几十年来对土壤的大规模破坏，克劳福德指出农林综合体系在恢复土壤的退化方面大有潜力。即使只是面积很小的一块土地，也能促进生物多样化。

即使不一下就把一年生作物换成多年生作物，也还有其他成功的案例可以帮助我们防止水土流失，并且恢复已经大幅退化了的土地。即便是在土地退化严重的黄河流域，水土流失的问题也已经通过植树和建造成千上万的小水坝、帮助主干河道蓄水的方法得以改善。中国黄土高原大面积退化土壤的恢复工程又帮助进一步阻止了水土流失，原先的荒地正在慢慢恢复。修整斜坡、在山头植树造林和控制过度放牧等都是有效的措施。在非洲，最近的变化也让我们有理由表示乐观。

SCC-Vi 农林公司是一家瑞典企业，一直致力于肯尼亚西部基苏木和基塔莱地区的开发。那里的农业日渐式微，山头的森林已经砍伐殆尽，导致供水困难。雨水因为无法被植被留住，直接哗哗地流走了，与此同时很多土壤也被雨水带走，大片地面光秃秃的。到处沟壑纵横，完全一幅灾难性的水土流失景象。农业收入大幅萎缩，人们根本没钱就医和开展儿童教育，食物安全岌岌可危。这样的情形还能被扭转过来吗?

结果证明是可以的，关键所在还是土地。这一次，行动首先针对土地的生产力展开，因为人们担心空气中二氧化碳浓度的增加会导致全球气候改变，因此增加土壤里的碳含量就可以减少空气中的碳，最终为把全球气候变化限定在可控范围内做出积极贡献。碳不仅是气候变化的原因之一，还是提高土壤能量的引擎。当农业操作开始增加土壤中碳含量丰富的有机物质时，其他相关的好处也就日益显现了。

一种综合堆肥、粪肥、护根和庄稼轮种的方法能极大程度地提升土壤质量。经过治理后，土壤的含水量和产量都提高了。只有小块土地的农民们开始从玉米、花生、大豆、香蕉、甘薯和木薯的丰收中获取经济回报。农场上还种了树，它们起到防风墙的作用，同时它们的根须也进一步防止了水土流失，树荫则保护了下面的土壤。树叶还可以用来喂牛，支撑牛奶生产。等树长大了，还可以用来做篱笆柱子和柴火。山头也重新种植了树木，恢复森林也就相当于恢复了土壤储水和供水的功能。

大概有6万农民参与了这个项目，通过对土壤有机物质的培养，达到了三方共赢的结果：土壤中的碳含量增加了，粮食产量提高了，而农场也在抵抗无法避免的气候变化（比如更加严峻的干旱天气）方面更加强大了。

土壤、放牧、粪肥和碳

说到碳，有一项估算认为全球范围的土壤每年可以吸收大概55亿吨的二氧化碳，差不多是全球碳排放的六分之一。这就给我们帮了很大的忙，因为我们还在拼命努力要避免最糟糕的气候变化，粮食安全问题也越来越严峻。

鉴于过度放牧在世界很多地方都导致了水土流失，所以当我们说通过更加密集的放牧能提高土壤质量时，听起来很矛盾。不过，通过对中亚赛加羚羊的研究，我们得到了一些重要线索。

赛加羚羊（高鼻羚羊）是一种长相很奇怪的动物，它们自从上一个冰川期以来就生活在这个世界上了。它们长着透亮的大角，硕大的鼻子。这些群居的食草动物个头跟一般的山羊差不多大。我们不确定曾经有过多少赛加羚羊，但是现在它们的数量已经大幅减少，目前只剩下独立的五个羊群。“乌斯狄尔特”赛加羚羊生活在哈萨克斯坦和乌兹别克斯坦之间的高原上，数量已经从20世纪80年代后期的265000头降到了后来的6000头左右。数量大量减少的主要原因是人们为了获取羊角和羊肉而偷猎。这一地区其他的食草动物（包括瞪羚）数量也同样在严重下降。

动物数量的日益减少让环保主义者唏嘘不已，也让在这一片草场上放牧的人们很痛心。因为如果这些植被没有被食草动物吃掉变成粪肥，来年的草量就会减少，沙漠化也就可能随之而来。看来，今天的食草动物还没有以前密集，于是对这片土地产生了巨大影响，以至于有些地方从半沙漠地带（本来还有些草丛和灌木可以放牧），变成了真正的沙漠，基本上就没有任何东西可以供动物食用了。

有人认为曾经在这里生活过的大量野生食草动物为这片土地提供了大量的“营养循环”服务，才让土地没有变成沙漠。没能用大量的家畜来替代它们（1991年后家畜的数量大幅下降），“营养循环”服务随之慢慢消失了。

模仿野生动物的放牧模式似乎是一条既能够增加家畜数量，又能提升土壤碳含量的新方法。加上对“食草动物如何帮助土壤保持健康”有了更深刻的理解，越来越多的人认识到驯养动物也可以用来达到同样的功效。如何有效地做到这点，是萨沃里学院的职责之一。

萨沃里学院是以津巴布韦老农、环保主义者阿伦·萨沃里命名的，他促进了大规模恢复全世界草地的运动，用的是他所谓的“整体管理”的方法。这一方法包括利用牲畜恢复土壤，主要是要纠正一个流行的误区，即认为食草动物对草地来说是问题而不是解决方案。事实上，在维多利亚瀑布附近所做的一个试验表明，通过增加放牧牲畜的数量是可以扭转土地退化现状的。在丁帮贡比区一块2900公顷的牧场上，人们把放牧的牲畜数量增加了40%，结果土壤条件因为牲畜管理得好反而提升了。

在一次采访中，萨沃里说他的方法可以带来巨大价值，“利用牲畜模仿野生畜群在我们地球上走到哪儿吃到哪儿的习惯……我们治愈了土地的伤口，再一次地让它们能存储大量的水和碳，而且还减少了气候变化带来的严重干旱和洪水。”

在整体放牧的方法下，牲畜被围在（或者控制在）最多可以吃三天的草地上，然后至少9个月都不再回来这里，换句话就是短暂的密集放牧，接着是很长时间的休息。这似乎就是在模仿过去的放牧方式，那时候，大群的野生动物经过一个地区，哗哗地把该地区的草吃了个光，然后很长一段时间不再回来。“因为我们大幅增加了牲畜数量，然后恰当地模仿了自然放牧。过去光秃秃的地面上，现在长满了齐腰的青草。河流也恢复过来了，现在那里长满了荷花，水下有很多鱼儿。”

近年来，这种放牧模式异军突起，成为应对气候变化诸多措施当中的一个选择，而且它就这么出其不意地正在一步步壮大。

理查德·布兰森是英国维珍集团的创始人，多姿多彩的企业家。他跟美国副总统戈尔进行过一次早餐谈话，戈尔向他展示了自己那套著名的幻灯片，布兰森立刻相信这个世界必须接受低碳经济增长方式。不过，跟其他达成这一共识的商业大亨不同，他不仅仅致力于寻找更加清洁的能源来减少碳排放，还竭力尝试减少已经被排放到大气中的二氧化碳的方法。

为了激发大家对这个问题的兴趣，布兰森发起了名为“地球挑战”（Earth Challenge）的项目——他一次性悬赏2500万美元寻求能大规模除去大气当中二氧化碳最有效的方法。他雇用了积极支持商业化清除大气二氧化碳的阿兰·奈特来操作和颁发这个大奖。奈特告诉我说：“布兰森曾经跟我说，‘我终于搞明白了，我经营着飞机，我经营着火车，现在我还得建太空飞船！’”他回忆说，在寻求技术突破的时候，生物碳的想法很快就进入了大家的视野。“生物碳就是把有机物，比如木头或者有机废物等，变成跟烧烤用的碳差不多的东西，再把它应用到土壤里以增加土壤的碳含量，同时提高土壤质量。这样不仅能锁住碳，还能提高土壤质量，真是理想的解决方案。尤其适合严重受损土壤的恢复。”

2011年底，地球挑战项目终于筛选出了最后11个候选者，其中有3个是基于生物碳的，还有1个就是萨沃里的放牧方式。奈特跟我强调，当大家到处搜寻吸收存储碳的技术时，大自然其实早就在这么做了——非常有效而且几乎不花一分钱。

当前，太阳能板和风力涡轮机已经成了应对气候变化的标志性措施，可是没人意识到只要管理得当，土壤和食草动物也可以起到同样的作用。

死亡交易

土壤是人类福利的基石，它的价值可以总结为五个基本的F——食物（Food）、燃料（Fuel）、饲料（Fodder）、纤维（Fiber）和淡水（Fresh Water），再加一个碳（Carbon）的吸收和存储。虽然我们已经滥用了土壤，同时又完全忽略了它能提供对人类持续发展至关重要的服务这一事实，但仍然还有许多经过实践检验的措施来保证这些系统继续满足我们未来几十年对它的超高要求。当然，这不仅是我们如何对待土壤的问题，还必须包括上述建立碳基分子来维护众多生命形式的过程。

土壤支持植物生长，而植物生长又创造了有机物为土壤里的有机体供应能量。土壤里的有机体反过来又释放营养物质，帮助植物生长。换句话说，土壤里的有机体“养育”了为它们提供食物的植物。土壤支持了生命，生命死亡之后又全都还了回来。然而，支持了上述整个复杂生命系统的最终能量源泉就是太阳。

雾林——给我们星球一片凉爽

Chapter 2 | 生命之光

3.7 万亿美元 —— 到 2030 年，只要能降低一半森林退化率，就能带来这么高价值的碳吸收服务
700 亿欧元 —— 欧洲每年用于治理氮气污染的花费
40% —— 人类目前利用的陆地植物的生长潜力

米尔布鲁克测试场位于英国小镇贝德福德几英里之外，它拥有大型的测试跑道，新式的军用车辆和新款的民用小轿车都在这里进行测试。出于国防安全和商业秘密的考虑，这里保密措施非常严格，四周设置了高高的铁丝网，参观者也禁止携带照相设备进入。

2012年初我到那里参加一款试验轿车的推介活动。那款车当时在这个见怪不怪的测试场实属罕见——事实上在全世界都属罕见。它很平、很薄，非常轻巧，是由一群剑桥大学工程系的老师和学生制造的，形状看上去就像一片叶子。这非常符合它的本性，因为它是太阳能驱动的。在它扁平的车身上方盖着一块太阳能面板，吸收的能量大概能驱动一个吹风机。不过，经过空气动力的巧妙设计和超轻材料的辅助，这么点能量就足以驱动这辆车载上驾驶员以每小时100公里的速度奔驰。这项设计非常高明，令这辆车在世界太阳能挑战赛（从达尔文市到阿德莱德市，横跨澳大利亚的3000公里拉力赛）中名列前茅。

看着这辆太阳能轿车，想到为了给它减轻质量以便能用太阳的能量驱动所做出的努力，我不由感叹一般车辆上的柴油或者汽油的能量是多么强大。这些液体富含能量，只需要0.1升就足以把一辆载有乘客的小轿车从海平面沿着山坡推到埃菲尔铁塔的高度。

这些燃料是从原油里面提炼出来的，而原油又来自地壳下面的沉积岩层。原油是由千百万年前动植物的尸骸形成的，这些动植物靠太阳的能量生长繁衍，等它们死后被沉积物覆盖，沉积物慢慢演化成石头，在巨大的热量和压力下，它们的尸体被“煮”成了今天能够令我们这个世界运转的物质。

尽管太阳能轿车目前还处于原型阶段，轮子都是自行车式，里面只能坐一位穿得亮闪闪的驾驶员，但全世界跑在路上的所有的车子，从本质上来讲都是太阳能驱动的。

用阳光来合成东西

来自太阳这个巨大原子炉的恢宏能量已经在太阳系里散发了50亿年——但也许只有一个星球利用这些光和热孕育、繁衍出了复杂的生命，这就是地球。绿色植物吸收、转化和存储能量，然后又把能量传给动物——包括人类。有这么多储存在石油和其他化石能源当中的“能量储蓄”供我们轻松利用，让我们几乎完全忽略了一个基本事实。

让鲜活的有机物从太阳那里获取能量的分子组织，最初是由地球上古老的蓝藻“发明”的。这些细微的有机体找到一种把太阳光变成化学能量的方法，这种方法被传承下来，经过革命性改良，先是发展出简单植物，然后到数以万计更高级的草本植物、灌木、乔木以及其他常见的植物。

这个鸿蒙之初进化出来的过程，被称作光合作用——字面意思就是“用光来合成东西”。没有这个过程，生命就只能以最低等的形式存在——比如，从深海火山喷发物中释放的化学物里吸收能量进行新陈代谢的细菌。光合作用被无数的生命形式所采用，从单细胞藻类到现在还存活着的最大生物——加利福尼亚红杉（美国红杉），无不如此。虽然方法各式各样，但所有绿色植物都依赖这个伟大原理把无机的分子结构、二氧化碳和水变成了有机物——葡萄糖，而葡萄糖又反过来促进生成更加复杂的复合物，同时释放副产品——氧气。

把太阳光变成化学能量之后，植物通过分解葡萄糖来释放或重新利用这些能量。它们无法存储葡萄糖，于是就把多余的产品转化成一种分子链更长的糖——淀粉。储存下来的化学能量让植物能够保持新陈代谢，不断生长。能量供应促成了很多其他分子的生成，比如脂肪，比如让植物能够挺拔的纤维素，又比如蛋白质和繁殖所需的DNA等。植物还必须同时生成光合作用需要的物质——叶绿素，这种神奇的物质能让太阳光通过化学反应制造出葡萄糖来。叶绿素主要存在叶子中，以叶绿体微细结构形式存在。它们被植物细胞的纤维素墙牢牢地包裹住，在里面晃荡着，等待明亮阳光的到来，完成太阳能转换工作。叶绿素吸收太阳光中红色和蓝色的光波，以促成光合作用。绿色光波不会被吸收，而是被反射，所以叶子看起来都是绿的。二氧化碳通过叶子背面细微的小孔被吸收进来，同时氧气也通过这些小孔释放出去。水透过植物根系被吸收进来，而根系也是植物释放营养物质的器官。这些营养物包括氮、磷、镁等，都是合成蛋白质和其他重要物质的材料。遇到干旱的时候，植物就会关闭叶面的小孔防止水分挥发，这就意味着它不会吸收二氧化碳了，光合作用也就停止了，那也就是叶子开始枯黄的时候。

这就是在太阳光下，二氧化碳、水、叶绿素和矿物营养的工作原理，是地球上绝大多数生命的基础。光合作用不仅帮助植物生长，也是所有动物（包括我们人类）的能量来源。肌肉里的蛋白质让我们能够写下这些句子，而为我们的大脑供应能量的分子最终也是由植物制造出来的复合物提供的。那些帮助我们种植、处理和运送食物，让我们得以生存的矿藏能源，也来自植物——只不过它们生活在很多很多年前。

这就是生态学家把光合作用称作“初始生产力”（Primary Production）的原因，它无疑是地球上最重要的自然过程。

植物实在是太重要了，结果反而导致人类对它们视若无睹。植物除了为动物提供食物外，在维护大气稳定方面也起到了至关重要的作用。

氧气是生命有机体的必需要素，它让有机体能够分解食物中储存的化学能量。我们在呼吸的时候，氧气可以帮我们打破包含能量的分子，同时释放出二氧化碳。

很久很久以前，在地球上还没出现高等植物（更别说动物）的时候，大气中二氧化碳和甲烷的含量非常之高——氧气成了一种微量气体。单细胞有机体首先掌握了光合作用，开始迅速繁殖，制造出了有机分子，同时释放氧气。经过几亿年，它们逐渐提升了氧气这种气体的含量。到25亿年前，大气中已经有了足够的氧气。

氧气目前是空气中含量第二（仅次于氮气）的气体。只有达到这个水平，高等动物生命才能繁荣起来。这都是植物的功劳。也因为氧气含量高，天空才会呈现蔚蓝色。动物瞬间在地球上爆炸式增长起来，而支撑这一现象发生的植物也同样进入了多样化的爆炸式增长阶段。

在某处释放的任何气体，要经过18个月才能均匀扩散到整个大气中。比如你呼出的一口气，通过风的传播，要一年半才能均匀地分布于整个地球。不知不觉中，你呱呱坠地时呼出的第一口气，现在可能就有一部分被锁定在某棵热带树木里，还有一部分被包裹在某个泥沼的植物尸体里。还有些碳原子，可能已经在某些植物或者动物身体里进出过无数次了，这要根据你年龄大小而定。它们有可能在一只吃了某种果实的老鼠身体里，等老鼠死了，就会随着尸体的腐烂回到土壤里，又被另一棵植物吸收，然后被合成进一个苹果的糖分里。这就是动植物在大气的帮助下亲密接触的方式。当然，里面也少不了植物用光来制造复杂物质的能力。

植物及其光合作用还在气候调节中起到了无可比拟的作用。植物能够消耗空气中的二氧化碳，用来制造有机分子。这些分子被合成在叶子、茎秆和根须里，最终成为土壤里的有机物，或者被泥沼储存起来，甚至还可能被摄入到石油、煤炭或者天然气等沉积物中，保存时间可以非常长（数千万年）。

光合作用可以缓和人类对气候的负面影响，其重要性是无可替代的。所以，当全世界都在到处寻找减少使用化石燃料产生的碳排放的方法时，碳循环的其他方面也绝对不容忽视。

澳大利亚联邦科学与工业研究组织（CSIRO）最近的一项研究，向我们说明了其中缘由。这一组织调查了森林在生长时光合作用所吸收的温室气体数量，对比森林覆盖地区气候变化的数据之后，他们发现全球有森林覆盖的地区，从凉爽的高纬度的北方针叶林到中纬度的温带阔叶林，再到低纬度水汽蒸腾的热带雨林，大致吸收了人类消耗化石燃料所释放的二氧化碳的三分之一。佩普·加南德尔是澳大利亚联邦科学与工业研究组织的科学家，他认为这一发现既“出人意料”又“难以置信”。

更让人意外的是，据估计，滥伐森林让影响气候变化的碳排放量每年增加了四分之一。换句话说，滥伐森林导致气候恶化加倍：被砍伐的树木本身就会释放大量二氧化碳，然而没有了树木，汽车、发电站、工厂和房屋排放的二氧化碳也就无法被吸收。

这样看来，森林里光合作用的经济价值巨大。即便是按照目前比较便宜的欧洲碳排放交易体系价格来算，森林在中和碳排放对气候的影响方面的价值也非常可观，高达数万亿欧元。2008年，一份专门针对森林的估价报告指出，到2030年，哪怕乱砍滥伐的速度只降低一半，森林为我们提供的碳吸收服务价值也高达3.7万亿美元。而且，这一天文数字还没有把森林为我们提供的其他经济利益（比如水利调节和维持物种多样性等好处）算进去。森林为我们所做的这一切，都是不求回报的。

除了这些基本的生态功能，植物还是建筑材料、药品、景观和人类灵感的主要来源。它们为城市降温、保持土壤，而土壤在水循环和大气调节过程中的作用必不可少。

在热带地区，太阳光一年到头变化不大，光合作用可以全年无休地热烈进行，至少在湿润地区是这样的。在全球范围内，每年冬去春来的季节循环，可以看作这个星球的呼吸。从11月到来年的3月，地球会呼出二氧化碳，这是因为北半球广大陆地上的光合作用减缓甚至停止。从4月到9月，随着陆地上植物的欣欣向荣，植物需要吸收二氧化碳来促进生长，空气中二氧化碳的含量就会下降。

一个装在高空轨道卫星上的延时照相机，为我们展示了地球上南北方温带地区大地回春时的景象。当春天的雨水滋润干裂大地的时候，就会看到绿色到处绽放。照片上还可以看到海洋里水藻的枯荣，看到阳光和养分是如何促进海洋中主要生物生长的。

可是，我们在每年自然循环之上强加的是消耗化石燃料产生的二氧化碳。这个星球一年一度的呼吸，植物每次枯荣带来的二氧化碳涨落，是一个完整的碳循环系统。这是一个在地球上运行了数百万年的系统，是一个随着四季变化周而复始的系统。可是，因为燃烧矿物能源所释放的二氧化碳打乱了主宰我们这个世界的生命季节变化和年度循环。

目前，我们面临的最大挑战是，如何重建不同的碳循环之间的和谐关系，以避免气候变暖的灾难性结果。在上一章，我们看到了土壤在调节空气中二氧化碳浓度时的重要作用。而这一次，我们的答案无疑将集中在光合作用上。

尽管国际社会对人类每年对地球碳循环所产生的影响忧心忡忡，可我们人类对光合作用最大的利用，到目前为止还仅限于粮食生产方面。

光为食

不同纬度、不同气候区域环境，决定着各地农业体系的差异。从北方温带地区的大麦、燕麦和绵羊，到地中海气候的葡萄、橄榄和山羊，再到潮湿热带的可可、油椰子和菠萝，人们在农业上最大限度地享用着当地环境条件下的光合作用。

上一章里提到的《千年生态系统评估报告》，专门针对自然环境进行了详尽盘点。作为一份对我们这个星球体系最全面的评论，报告大致指出了这个星球的哪一项服务正在退化，又有哪一项正在进步。

里面一大堆的坏消息。最惹眼的要数热带森林的消失和日益严峻的过度捕捞，但也有为数不多的几个乐观结论。其中两个是，在过去几十年里，不论是耕作农业还是畜牧业，单位面积的粮食产量一直在增长。

这基本上反映了我们在利用光合作用上的成功，反过来，也证明了我们在充分利用土壤、养分、作物育种、各种杀虫剂和水分来提高最需要的初始生产力。在上一章，我们也已经看到了土壤为我们提供的某些服务已经遭到为增加产量而采取的措施的戕害。后面，我们还会看到这些措施同时对水资源管理产生的影响。这些都是之前未曾预料到的后果。

我们想要提高初始产量的各种努力，是在农业技术革新的帮助下完成的。不断提升这个星球的某种光合作用比例的过程，不仅涉及把自然栖息地改造成农场，还涉及要系统化地消灭跟我们竞争光合作用产品的任何生命形式。后者的实现途径是使用各种各样的化学除草剂、杀虫剂和杀菌剂，以及对植物种类的精心挑选。结果，这世界上大部分的农业用地，种植的都是工业化、单一品种的高产农作物。对其他生物来说，它们的光合作用和生命空间越来越小了。但从农作物角度来看，这倒是一个很成功的策略。

我们的胜利还反映在现在陆地上大约40%的初始生产力都是为人类服务这一事实上。这个比例非常大，可以从不断扩张的庄稼地、牧场和林业种植园里得到印证，还有一些地方初始生产力基本停止了，因为城市基本替代了植被。

因为控制了光合作用，我们不断强迫土壤、庄稼和牧场为我们做更多的事，我们不仅加强了害虫治理，同时还广泛使用化肥来做补充，以便为自己获取更高的初始产量。

土壤科学家简·里克森把这一行为看成是土壤利用中不可避免的后果。“因为土壤越来越退化、稀薄，人们就施加更多的肥料。土壤变浅意味着水分保持能力下降，产量降低，价格上升。深层土壤经得起折腾，浅薄土壤受外界影响更大。土壤退化的后果，可能会被施肥和灌溉掩饰掉。其中的变化，有时很细微、很难量化，但却真真切切地发生着。”

在有机物含量低或者退化了的土壤里，植物所必需的养分也就供应不足，人们会使用各种方式来增肥。近几十年来，粮食产量的迅速增长其实也就是各种植物养分使用的增长。植物生长必需的养分大概有17种，但促进产量最重要的两种就是氮肥和磷肥。这两种肥料的增长，基本赶上了我们人类的人口增长。过去50年，全球化肥的使用量增长了500%。

说起氮肥，我们倒是很诧异为何它会成为如此重要的因素。毕竟，我们呼吸的空气中约有78%都是氮气。可是植物无法利用气体形式的氮。植物能够利用的氮只占大气中氮的百万分之一。氮气只有在经过固氮的过程之后才能成为植物养分。这个过程可以发生在细菌生长或者其他的环节中。不过，大部分的氮肥都是人工制造出来的——这是一项1913年发明的技术，是农业生产大规模工业化的基础。

还有一种植物养分叫作磷肥，它可能会在翻耕或收割的过程中被消耗掉。这种养分主要以磷酸盐的形式存在，植物在生长和繁殖的每一个化学过程中，它都不可或缺。跟氮一样，磷也是一种很丰富的物质；但跟氮不一样的是，它不是大气中的一种气体，而是从岩石当中转化来的。要获取磷，得到富含这种元素的地区去采集。分解的粪便是来源之一，还有动物的死尸，比如它们的骨头，鸟粪也是一种，几百年来它们都是磷肥的重要来源。不过，现在人工制造的磷肥大多是从含磷丰富的沉积物里采集来的。美国和中国都是重要的磷肥产地，已知的磷矿储量有一半在摩洛哥，那里每年出产数千万吨的磷肥。

这些岩石里为什么会有这么高的含磷量呢？这是有原因的。磷在鲨鱼、鱼类和爬行动物骨头里含量很高，它们死亡以后，无数的尸体沉积在古老海洋洋底形成化石。跟化石燃料一样，它们也是古老的生命吸收光能后给我们留下的遗产。

有评估认为，到2030年，磷酸盐将成为影响粮食产量的决定性因素。也有人认为没那么快，可是谁也不否认，总有一天磷酸盐的产量会达到峰值。随着人口的不断增长，我们对粮食的需求也越来越高，磷酸盐的需求也会随之增加。

氮肥和磷肥的生产是农业体系提高初始产量，并把它维持在越来越高的水平的手段之一。因为土壤中的有机质已经被耕作和收割破坏得差不多了，所以人们不断制造更多的氮肥来维持高产量。如果不这么做，人类的数量绝对无法增长这么快，仅在20世纪就翻了两番。

据《千年生态系统评估报告》估计，从1960年以来，土地生态系统中的活跃氮分子增加了一倍，而磷分子增加了三倍，这个变化是巨大的。报告的作者进一步估计这一变化趋势还在加速，因为在所有生产的合成氮肥中，有一多半是在1985年之后被用掉的。这种对粮食生产至关重要的材料，直到第一次世界大战爆发前才被发明出来。而在那之前，没有化石燃料生产出来的合成肥料的支持，人类的生存需求也得到了完全满足。可从那以后，人类就越来越依赖于过去数亿年来地球上所储蓄的阳光来满足我们不断增长的需求了。

当然，在1913年之前很久，农民就明白了养分的重要性，尽管那时他们还不知道各种养分的名字。现代农业之前，给土壤施肥也是粮食安全的重要方面，那时用的是粪肥和堆肥，产量也保持了相对稳定，只是相对现代工业化农场的产量稍低而已。

氮肥的狂欢

尽管补充氮肥和采集磷矿石让我们有效地提高了农作物产量，却也打乱了很多其他的重要环节。比如，土壤本身发生了变化。农作物热切地吸收着人类大方施加给它们的氮肥和磷肥，这种填鸭式的喂养让它们不必跟土壤中其他有机生命培养任何互动关系就可以茁壮生长。例如，它们对真菌和微生物就没有了需求，而通常后者是为它们制造、存储和调节营养流的助手。

这样一来，植物就像是被宠坏的孩子，它们长大后培养和处理各种关系的能力很差。生活太优越了，丰富的供应导致很多原材料的贬值，最后形成浪费。

因为持续不断地过量供应，很多肥料未能被植物吸收。部分肥料穿过它们细微的根须跑掉了。溶于水里，随着水流淌过土地，进入溪流、江河、湖海，这就导致了生态灾难，因为不仅仅是庄稼植物会对丰富的氮肥产生积极反应。

化肥排入河流中，会导致水体中的植物迅速繁殖，尤其是生长速度极快的水藻。过剩的营养令水藻爆炸式增长，把整片水域变成绿色。不管是单细胞藻类的数量爆炸，还是细丝状绿色植物扭成了密集的丝团，通常来说都不是好事。藻类迅速繁殖、生长、成熟，最后死亡，它们尸体的分解要消耗大量的氧气。这对水里的动物来说简直是灭顶之灾，鱼类和其他动物就会在这片“死亡区域”窒息。这样的情况，有时候会在海洋里大面积地发生。最可怕的一次发生在墨西哥湾，因为浇灌了美国大片农田的密西西比河在这里流入大海。氮肥过剩，在陆地上也会改变自然栖息地的环境状况。例如，某种侵略性很强、生长迅速的植物会急速增长，而不需要这么高氮肥的植物就没办法竞争，它们会被围剿乃至最后消失。我们在自然环境中添加太多的植物养分，一不小心就促成了重大的环境变化。这一招对人类健康也有影响，因为含氮高的饮用水跟婴儿的血氧水平有关，会导致所谓“蓝婴症”。

事情经常就是这样的，我们好不容易控制和利用了自然体系的某一种福利，但却往往破坏了其他福利。我们成功地提高了农作物产量，霸占了如此之多的光合作用产品，结果却导致环境当中营养过剩。最近的研究表明，这样做的代价是多么沉重。

2011年4月发表的《欧洲氮肥评估报告》由来自21个国家、89个不同组织的200位专家完成，它致力于研究整个欧盟范围内渗入到环境当中的过剩氮肥所造成的社会成本。这项研究结果让我们在宣布“粮食产量的提高是人类的巨大成就”之前，不得不三思。

这份研究报告把氮肥的污染看作亚得里亚海和波罗的海出现死亡区域的元凶，还声称它对欧洲三分之二的土地上10%的植物物种消失负有主要责任。报告认为，在欧洲氮肥污染造成的损失是通过增施氮肥而获取的粮食增长价值的两倍。除了环境损失外，氮肥过剩估计还会造成欧洲人平均寿命减少6个月。总之，氮肥污染造成的损失估计每年为700亿~3200亿欧元，这几乎相当于整个希腊2011年经济红利的一半到两倍。可惜，如此惊人的数字还是没能在媒体上引起多少关注。放到全球范围来看，这一数字还会更加惊人。

欧洲不是唯一一个为促进初始生产力而承受巨大后果的地方，北美、印度和中国也都有着相似的遭遇。

这项针对欧洲的研究指出了几个氮肥活跃的源头，但值得注意的是，这些氮肥都是来自农业生产。虽然世界各地对发电站和汽车的氮排放控制很严格，减少了污染，但是大家还是一致认为在减少农业生产过程中排放的氮肥方面还需做出更大努力。这不仅仅是因为未来几十年我们还很可能要依赖光合作用来满足我们的需求。

实时能量

光合作用把太阳能集中积累起来，为我们的经济提供能源。随着为了控制气候变化而减少我们对化石燃料以及一些稀缺资源的依赖，我们需要重新审视一下大自然当前的年生产力，而不能只盯着它过去几十亿年间为我们积累的能源和资源。风、太阳能、地热和沼气都是替代矿物能源的重要资源，可是它们没有一个能取代100多年来已经渗入我们的交通，尤其是飞行当中的液体能源（汽油、柴油和煤油）。

想要降低化石燃料在我们的发展和福利中所起的作用，植物必须成为主角。我们要找的不仅是矿物能源的替代品，同时还得考虑替换塑料、制药和纤维方面的需求。这真是个宏大的项目。而且，尽管我们还搞不清楚具体要做些什么，但是有些先锋人物已经在讨论基于“实时”光合作用产品而非光合作用的矿物产品（石油、煤炭、天然气）的“生态经济”了。

生物提炼厂可以把初始生产产品做成现在的化石燃料样子，这是未来的一个重大方向。从原油中我们提炼出了燃料、塑料、药品等无数产品，而未来我们也能利用各种植物制造出各种产品来。

如果你生活在欧洲，开一辆柴油汽车，在你使用的化石燃料里可能已经掺入了来自植物的生物燃料。在美国，很多司机已经开始部分使用乙醇作为动力了。越来越多的食物和饮料产品的包装都是用植物制成的。甘蔗是现代生物塑料的主要工厂，能生产出许多材料，很多著名品牌的饮料和饮用水包装都是用它做的。玉米做的酸奶罐也在商店里有售了。

少数植物，包括某些藻类，能制造出化学性质跟石油差不多的复合物。这些复合物，为我们某天能从植物身上提取碳氢化合物提供了前景。这样的话，就可以不增加空气中二氧化碳的含量了：植物可以用这种温室气体作为生产燃料的材料。上一章提到的理查德·布兰森的地球挑战大奖赛中，选手们争夺冠军技术就是在朝我们满意的方向快速迈进。

在朝生态经济转变的过程中，会面临许多重大挑战。其中最大的一个就是，到底需要多少土地和水来制造生物能源和塑料制品，而且这些土地就不能用来生产粮食了。把生产粮食的土地转为生产燃料和其他材料，必然导致粮食价格上涨。不过在这一争议上，符合逻辑的不是我们到底应该种植粮食还是生产燃料，或者塑料、纤维和药物，而是我们该怎么在有限的土地上全面完成这些生产。不仅如此，我们怎样才能利用光合作用减少对化石燃料的依赖，同时还必须满足人口不断增长带来的需求？——还得考虑到世界上大部分地区的人口都越来越富裕了，会有更高的消费要求。

所以，首要任务是必须保护大自然各种循环的稳定，它们对我们自然体系的生产运转至关重要，人类的经济也必须依赖它们——包括水和氮的循环。我们还必须找到方法保护和进一步提高光合作用在碳循环中的作用。

竞价减少污染

说到控制营养过剩和降低其对生态系统的影响，我们还有很多事可做，而且这么做的同时还可以节约农民的生产成本和提高他们的土地质量。

宾夕法尼亚州科内斯托加河就遭受过严重的营养污染。氮肥和磷肥流出了田地，刺激水藻疯狂生长，结果导致水中含氧量下降，使得包括切萨皮克海湾在内的附近大片水域无数野生鱼类数量锐减。为了维持淡水的生产力和沿海生态体系，当地政府采取了多种手段来防止养分流失到河流中。

这一地区的有些地块是美国产量最高的农田，所以停止这里的农业活动是不得人心的。于是，政府邀请农民们参加了一个革新项目，目标是用最低的成本减少养分流失，同时保证农民们能够正常使用适合作物的管理方法。这个项目被称作“反向拍卖”，就是要卖家（农民）向买家（环保机构）竞争提供产品的机会，而不是通常的一个卖家面对一群买家的竞争。农民们受邀出价，自己定价，确定要花多少钱来减少农田流出的磷肥污染。因为是反向竞争，所以竞标价格不断地下降。

当时的预算是50万美元，农民们不断刷新低价，保证拿到钱后减少多少数量的磷肥从田里流到河里再到海里。兰开斯特县保护区的技术人员跟这些农民们合作，评估他们提出的措施大致能减少多少养分流失。这些措施包括减少肥料的用量，以及创建缓冲区和迂回水渠等。

最后的结果是，不仅化肥的排放量大大减少，水土流失问题也大为改观。宾夕法尼亚州的这种试点拍卖最终大获成功。美国农业部（USDA）在其他地方也尝试用同样的方法来鼓励创建新的湿地，以帮助控制洪涝灾害。

牡蛎的作用

就算化肥流入了河流和海洋中，也并非彻底无法挽救——办法之一就是利用牡蛎来为我们工作。

在很多沿海地区，大片礁石上栖息着大量的牡蛎。这种长着两片硬壳的软体动物牢牢地吸附在海底，通常是吸附在已经死亡的牡蛎壳上，于是整个礁石覆盖了一层又一层的牡蛎壳，有时这种牡蛎壳层厚达一米。在这一层硬壳最外面的活着的牡蛎会不断地用身体抽水，水流进出身体的时候，它们会吸收其中的微生物作为食物，包括单细胞浮游植物。

我们通常以为牡蛎只是一种富有异国风情的食物，很少有人知道它们还是建造生态栖息地的工程师。它们不仅为自己创造合适的生存环境，那层厚厚的硬壳堆积层还为数百种其他物种提供了栖息地。其中有很多鱼类，包括商业价值很高的鱼类幼苗。很多无脊椎动物都栖息在牡蛎壳中，比如苔藓虫和藤壶等就附着在牡蛎壳上。

人们当然早就开发过这些牡蛎滩了，但都没有过长远打算。在纽约港，大片的牡蛎滩曾经达到350平方英里之广，那里生长着90亿只牡蛎。它们被人类打捞上来成为盘中美食，吃剩下的牡蛎壳大部分被掺进砂浆里，抹在了纽约古老建筑的墙上。可是随着城市的扩大，退化的礁石受到城市污水的污染，牡蛎活不下去了——甚至还有纽约人吃了受污染的牡蛎而丧命。最后，在20世纪中期工业时代，化学污染让牡蛎彻底绝迹。这样的故事在全世界很多沿海城市都发生过。

关于各种沿海栖息地的消失，已经讨论得够多了，包括红树林、珊瑚礁和海草海床（我们后面会谈到）等，不过大自然保护协会（TNC）的研究发现，地球上遭受破坏最严重的海洋栖息地还是牡蛎海床，大概有85%的牡蛎栖息地已经被毁掉了，剩下的也是奄奄一息。

牡蛎的减少首先带来的是贝类的减少——连水泥的原材料都受到影响——而且还有牡蛎壳礁带来的很多其他重大好处也随之没有了，包括鱼苗（它们长成大鱼，我们才有得吃）栖息地的减少和硬质海床的消失。后者能够防止海床遭到侵蚀，并且吸收海浪和风暴能量，从而保护沿海地区免受洪水威胁。这里还有一个除氮的问题。

过剩的氮肥通过河口流入大海之后，导致海洋里的单细胞植物数量爆炸性增长，而牡蛎可以吃掉它们，同时还可以消灭水中的氮。植物被牡蛎消化之后，被其排泄在海床上。细菌接着对此进行分解，把氮还原成气体，无害地进入大气中继续做它的惰性气体。

现在，在清洁海洋方面，牡蛎的数量远远不足，因为每只中等大小的牡蛎一天只能过滤200多升海水。以这种速度，一公顷的牡蛎礁（假设每平方米有15只中等大小的牡蛎和15只小牡蛎）每天能过滤的海水相当于20个奥运标准游泳池大小。这已经很了不起了。有牡蛎的区域，只需要经过几个月甚至几个星期，水质就会大不一样。

怪不得现在有很多环保项目的主要目标都是恢复海里的牡蛎数量。2001—2011年，美国启动了300多个牡蛎礁恢复项目，主要目的就是改善水质，同时加强对海洋、鱼类和野生动物的保护。

英国也是一样。牡蛎礁恢复的潜力很大——还可以与风能项目联系起来。在污染严重的北海南部（包括泰晤士河口），正在建设大量的离岸风力涡轮机。高大的风力塔之间已经禁止捕鱼了，这就意味着在不断产生清洁能源的同时，还有大片不受打扰的海床。这些涡轮机大多建在浅水区，是牡蛎生长的好地方，这样就有机会重建这种独特而又必不可少的栖息地了。除了净化水质，这一地区在复原牡蛎海床的同时，还对急剧减少的鱼类有保护作用。

菲利姆·珠·厄姆噶森是剑桥大学的生态学家，曾经在大自然保护协会评估人类恢复牡蛎礁带来的好处。她告诉我说："健康的牡蛎礁一看就知道，它们就像城堡一样屹立在淤泥里。牡蛎在新栖息地生长的同时，也创造了更大的栖息地。这不仅是牡蛎自身后代的栖息地，也是鱼、虾、蟹的天然庇护所。牡蛎壳之间的缝隙和角落可以保护它们免遭天敌的猎杀，而牡蛎壳本身则成为像藤壶这类滤食动物的小森林。通常，一只柠檬片大小的牡蛎壳上聚集的滤食动物每小时可以过滤8升海水。所以，恢复牡蛎礁的好处不仅是为海洋中的微生物提供栖息地，还可以直接提高水质。”

对付营养过剩还有一个方法，即采用最新技术建立污水处理厂来吸收多余的磷肥。

我们的食物包含了植物吸收的养分，我们从植物分子里获得光合作用得来的能量后，消化系统把它们排泄到马桶里冲走。虽然传统的矿物磷大大减少了，但是在污水处理厂里却还有很多。我们从里面捕获得越多，就越有利于促进植物的生长。

泰晤士水厂负责供应和处理伦敦的自来水，他们在斯劳镇污水处理厂安装了一个新的系统。这项新技术可以从污水中分离出磷，生成一种名为“水晶绿”（Crystal Green™）的肥料。仅此一项，厂里每年就能生产约120吨肥料。这样的工厂在美国的俄勒冈、弗吉尼亚和宾夕法尼亚都有。加利福尼亚、威斯康星、加拿大的萨斯喀彻温和亚伯达也正在建设这样的工厂。

这项技术的好处远超过磷的生产本身，正如开发这项技术的奥斯塔拉公司的詹姆斯·哈奇吉斯所说，这样“生产肥料的碳排放是从几千里外的矿场采集磷肥的几分之一而已”。

植物动力的碳循环泵

挪威和圭亚那正在合作一个项目，将对碳循环的管理起到重大促进作用，其方法就是利用光合作用来帮助我们应对气候变化带来的各种影响。

圭亚那是南美较穷的国家之一，但它拥有广袤的雨林、肥沃的土地和丰富的矿藏，这一切具有极大的经济价值。如果大规模开采这些矿藏，森林储碳量就会下降，空气中的二氧化碳就会增多——这当然就会影响到全球的气候。

正是考虑到这一点，加上为了国际社会共同利益的发展，2007年，当时的圭亚那总统贾格迪奥决定邀请国际合作伙伴共同投资，以保护自己国家森林的完整。他先是写信给当时的英国首相托尼·布莱尔，但是没有得到积极回应。他接着继续努力。2009年，挪威政府主动表示接受他的建议，同意5年内支付圭亚那2.5亿美元来保护森林。这笔资金的一部分是通过计算森林吸收并存储碳的工作的经济价值来支付的。挪威政府投入资金保持这项工作的持续性，整个世界都将受惠于他们的这一善举。

凯文·霍根曾是圭亚那总统顾问，我是在当时担任威尔士亲王的雨林项目顾问时认识他的。他跟我提到圭亚那面临的开发雨林的压力，“尽管圭亚那的森林砍伐率全球最低，可是每天都有无数肤浅的机遇摆在面前。从短期经济利益来讲，大规模开发雨林的做法极具诱惑力。”这种压力来自人们对食物、燃料、矿藏和金属不断增长的需求——换句话说，都是得砍了森林、挖开土地才能得到的东西——所以压力都来自大型矿产公司、木材工厂和大规模农业集团。

圭亚那的雨林面积比英格兰和苏格兰加起来都大，要是真把它们当作资源开发掉，短期内获得的财富和农业资源可能产生巨大经济回报。现在迈出的却是更加大胆的一步，即看到了森林的另一种价值，把它们的自然价值转化为经济价值，而挪威人支付的钱就是这些价值的部分体现。

这就是圭亚那和挪威之间协定的核心。霍根回忆了协定起草的过程：“2009年我们总统和挪威首相会谈之后，两国开始建立一个可以大规模复制的全球模式，即森林国家如何向低碳轨迹发展转型的模式。到2009年年底，这一项目作为两国之间的正式协定业已生效，挪威已经开始为圭亚那森林所提供的气候服务支付相应报酬。”

那么，协议执行了几年之后，其成果究竟如何？“成果是巨大的，未来还会更为丰富，”霍根说，“圭亚那正在采取措施维持其森林覆盖的99.5%。这将对世界气候产生巨大的好处。”

而挪威给他们的钱都被用于圭亚那的现代化建设和经济发展，“圭亚那几乎把全国的能源都改成了可再生能源，主要是利用联网的水力发电和本地的太阳能。1.1万户家庭因此首次用上了电。”这些钱也被用来为9万户低收入家庭提供笔记本电脑和进行信息技术教育，以及为新一代公民创造低碳排放的工作。当地居民的土地都被赋予了合法权利，同时还有强大的体系来保证森林不受侵害。

讲完了这个令人振奋的例子的好处之后，也不得不提一下要想在世界其他地区展开此类项目，其成本可能会更高。研究表明，在东南亚想要降低森林砍伐速度，成本会比在圭亚那高很多。但这并不是说就不可能通过经济刺激来保护森林了，因为保护森林还是比投资建设碳捕获和存储技术项目省钱多了。只不过要改变当前的森林退化态势，还得进一步发掘刺激经济的新招。

以生物为基础的经济

在利用初始生产力来达到持续发展的成果方面，确实有不少成功案例，很多都可以大规模推广。可是我们还是没能开始建设一个可持续、可再生的、以生物为基础的经济。只要我们能充分利用光合作用，同时又不损害土壤和水循环系统为我们提供的其他举足轻重的服务，这就不是不可能。可是我们在不顾一切地刺激和控制陆地植物的初始生产力收益时，往往严重威胁到了上述服务。

为了让以生物为基础的经济能够健康发展，能够跟生态系统及大自然无限的服务完全融合在一起，我们需要的不仅是土地、水、养分和光合作用，还有动物和植物在几十亿年的进化中积累下来的无限智慧。

这只红眼树蛙的皮肤里含有能阻止艾滋病毒感染的化学物质

Chapter 3 | 生态革新

27% —— 的全球化公司承认大自然多样性的减少会阻碍他们的业务发展

25%~50% —— 的制药市场基于大自然基因多样性，市场总值大约6400 亿美元

比整个德国面积还大 —— 的森林在 2000—2010 年消失了

弗林德斯岭位于澳大利亚的内陆地区，在阿德莱德北面500公里处。这里广阔的内陆平原被古老的岩层、峭壁和高耸的山崖分隔得七零八落。这是一处令人感到气馁的地形，它的宏大和空旷让所有的生命相形见绌。

这座山岭由红色、灰色和褐色沉积岩构成，在古老的海底沉睡了几亿年。这些沉积物在积聚了几千米的厚度之后，形成巨大压力，在构造作用力的扭曲下变形，向上挤压突出成山脉，然后又经过几百万年冰霜雨雪的风化侵蚀成了现在这个样子。这些山头布满了碎石巨砾，讲述着地球逾50亿年的沧桑。

布拉齐纳峡谷在这座山岭的中央，跟周围其他宏大地形相比算是中等的了。峡谷一侧又陡又窄，稀疏地生长着一些树木。有一丛丛的本地松树，多枝多杈的小桉树，除此之外很少有植物能扛得住这里定期降水产生的洪流。

铺满卵石的溪床揭示着洪水的强大力量。洪水携裹着无数死枝冲刷下来，堆积在还活着的树干脚下。有些年轻的树苗完全被近期倾泻而下的瀑布推倒在地面上，但它们的根部却牢牢地抓住溪床死不放松。只要能坚持住一天，它们就能像父辈们一样，长成一棵屹立百年的雄壮老树。

在这个神奇的峡谷谷底，有一种独特的化石。在名为“罗恩斯利”的石英岩层中，人们找到了一种很久很久以前的动物遗迹。我在一个冬日薄暮中努力搜寻着它们的踪迹，我的手摸到了一些细微的形状，这些岩石上的模糊痕迹把人们指向了一个完全不同的世界。这一遗迹最早是由澳大利亚地理学家瑞格·斯普里格发现的，他在这附近发现的化石帮助人们确认了一个新的地理年代——埃迪卡拉纪。

埃迪卡拉纪始于6.35亿年前，持续了大约9000万年。那时候，这一地区属于浅海地带。斯普里格发现的沉积物，就是我找到的那些海洋动物等留下的痕迹，它们来自好几种生物，包括与现代多节虫、海鳃和水母很相似的生物。这些都是软体动物：没有骨头、贝壳、牙齿或者任何坚硬的部分，这也就是那个时代留下的化石那么模糊的原因。不过，这些模糊化石痕迹的意义却不仅仅是因为它们经过了5亿多年的地质变动和风化侵蚀还能依稀可辨，而且是因为它们是已知最早的多细胞动物——不仅仅是此类动物中最早的，而且是所有动物中最早的。躺在这条安静偏远的小溪地下的沉积岩记载了地球上（至少是海洋里）生命克服难以想象的困难后终于成为复杂高级动物的那一刻。

这些留在岩石上的线索，有些是直径为2~6厘米的圆形，这也形成了一个惊人的分水岭，因为在此之前，世界上挤满了单细胞的简单有机体，包括已经能光合作用的水藻，以及以它们为食的、虽然体型更大一点但仍然为单细胞的动物。

埃迪卡拉纪是海洋生物惊人演化时期寒武纪之前的最后一章，之后生命的多样性就开始爆发了。在经历了5.45亿年的化石石床中，最著名的当属加拿大不列颠哥伦比亚省境内落基山上的波基斯页岩，上面出现了各种各样的生物，包括现代动物的基本原型。简单生命在地球上延续了20亿年不变之后，动物的多样性和复杂度焕然一新，不仅细胞数量增多，身体坚硬部分也越来越明显。

我经常坐火车在伦敦和剑桥之间来回奔波，两地之间的距离是91公里，列车行驶约一小时。如果把这段旅程想象成地球历史上从生命大爆炸的寒武纪开始，中间经历各种重大事件，如布拉齐纳峡谷化石生命出现等，一幅很有意思的图景就展现在眼前了。

随着火车离开伦敦市中心的国王十字车站，想象一下我们经过一片海洋，里面生活着海洋5.45亿年前寒武纪的动物。随着火车站建筑不断后退，依次出现了三叶虫、有壳动物和无数海洋无脊椎动物。

渐渐地，大概在5.4亿年前，距伦敦站一公里的地方，火车还远没有达到剑桥站前面任何一个站点之前，第一种陆地植物出现了。它刚从单细胞的水藻进化而来，生长在蓝天之下，陆地开始变绿了。再往前一点，还没出伦敦，也还没到第一站，大概5.1亿年前，出现了第一个脊柱动物。

火车继续前行，到了第一种昆虫出现的地方。这大概是4.07亿年前的事，差不多到了伦敦M25号环线跟铁路交会的地方。从有点像现在的肺鱼的生物，进化出了第一只四条腿的陆地动物。这些原始的两栖动物在陆地上横行了很久，直到泥盆纪中期，也就是大概3.97亿年前，这时列车即将到达韦勒姆格林站。等我们再往北一点，到了哈特菲尔德的时候，离伦敦还是很近，大概3.77亿年前，我们前面在伦敦见过的鱼已经绝迹了，代替它们的是无数更现代、更高级的版本。

走到一半，也就是2.3亿年前，在希钦站和莱奇沃思站之间，第一只恐龙出现了。又过了一会儿，到了莱奇沃思的时候，第一种毛茸茸的生物出现了，那就是早期的哺乳动物。在侏罗纪，还没到阿什沃尔和摩登站，接着出现了最早的羽毛动物——鸟类。

再走几公里，大概1.4亿年前，可以看到鲜花了。又走几公里，过了罗伊斯顿站，进入距今1亿年前，已经是满地鲜花了——当然也就包括能给花儿传粉帮助它们繁衍的昆虫了。这个世界开始有了今天的模样，只不过那个时候暖和多了，南北两极的冰盖也小多了，海平面也比现在高多了，但气候正在凉爽下来。海床上的白垩纪沉积物主要是长着碳壳儿的细小有机物，它们一层层地积累着，吸收掉了空气中的二氧化碳。

火车继续朝北奔向剑桥。到临近终点前的最后一站——福克斯顿站的时候，一颗小行星与地球相撞了。撞的位置大概在今天尤卡坦半岛墨西哥湾。随后的巨大爆炸令地球上不少物种消失了。这是火车从伦敦出发以来地球上第五次出现这样大规模的物种损失。我们现在到了6500万年前，恐龙消失的时候。

只有一种恐龙从小行星灾难中幸存了下来——鸟儿。随着地球上的生命慢慢恢复，我们也快到达终点站剑桥了。现在这里既是鸟儿的时代，也是哺乳动物的时代，还有很多哺乳动物跟它们的爬行动物祖先一样产卵，但也有已经开始胎生并且哺乳的了。食草动物靠咀嚼和消化植物的纤维来生存，猫科、熊科和犬科动物进化成了食草动物的捕猎者。 5000万年前，又一群新的哺乳动物出现了，包括原始的鲸类，以及灵长类动物。

一开始的灵长类动物看上去像松鼠，不过大拇指让它们能够抓取和掌控物体。类似现代狐猴的动物出现了，大概在3400万年前，也就是到达剑桥站旅客们收拾行李准备下车的时候，最早的猴子和猿类出现了。它们种类繁多，有些因无法进化而消失了，有些则继续繁衍下去。

大约400万年前，距我们要下车的1号站台已经不到 1000米了，一群人猿开始用两只脚直立行走。关于这一现象，有很多种解释，不过最可能的应该是跟解放双手有关，以及大拇指可以用于操控工具。只剩500米的时候，第一群人属哺乳动物（Homo）出现了，这只是一群属于智人的哺乳动物。然而，跟现代人生理构造完全相同的生灵的出现，则是在离检票口仅有34米的时候，这里距今只有20万年了。下了车，我们朝剑桥火车站出口走去。直到10万年前，这些早期人类的活动范围还仅局限于非洲。他们在行为上达到现代人的标准是5万年前的事，那时距检票口不过8.5米而已。

还有最后一步，1米左右的距离，最初的农作物和城镇出现了。当我检票出站的时候，跟随人类一起迅速改变的还有地球上的绿色植物——比如，森林少了，有些动物因为过度捕猎开始消失，猎人们手中的工具由长矛盾牌变成弓箭，然后是枪炮。

尽管大型哺乳动物——主要是指长着獠牙的猫科动物、猛犸和巨獭等——受到了冲击，但当我把票塞进检票机的时候，也就是到了我们今天了，地球上的生命多样性非常丰富，但毫无疑问，是与离开国王十字车站时的5亿年前无法比拟的。生物多样性不是一蹴而就的，而是经过漫长的时间积累起来的。

在描绘这张进化图的时候，生物学家必须追踪不同物种之间的联系，他们可以画出一张像大树一样的进化表来。在树底下，粗壮的主干上，是寒武纪出现的主要物种。然后是主要分支，粗壮的分叉，更细一点的枝丫，直到最后单独品种的细枝。

每个分叉和分支上的生命都要仰仗于上一层生命的成就。有的物种消失了。在某一个时间点上，能够满足需求的创新保留了下来，继续成长。要是没有两栖动物，就不会有哺乳动物。现代人类正位于这么一个不断积累，越来越复杂的系统的顶端。今天，世界上生命无比丰富的多样性就像一个巨大的图书馆，从中可以查阅到物种之间、系统之间丝丝缕缕的复杂关系。对我们人类来说，这是最宝贵的财富。

检票口打开了，我朝前面看过去。这令人惊叹的生物多样性还能维持多久？我不确定。目前物种消失的速度是人类出现之前的1000倍。感谢进化论生物学家的努力让我们能够用这91公里的路程虚拟出地球的生命史。不过，哪怕只往前再走两厘米——大致也就一个世纪多一点——我们就不知道前面到底会是怎样的一幅图景了。这么微小的一段距离就可能产生两种结果——其中之一就是最终有六分之一的物种大规模消失，基本上相当于当年恐龙灭绝时代物种消失的规模。

可是我们为什么要操这个心呢？哪怕是出了检票口就走那么一丁点儿距离就有六分之一的物种灭绝，又关我们什么事呢？我从车站离开的时候，我的大拇指正滑动着一部智能手机，我们难道不是已经到了超越自然历史的地步了吗？难道我们的超凡智力还不足以让我们免受大自然进化的控制吗？

很不幸，答案是否定的，还远没到这个地步。大自然中，动物、植物以及有机物的多样性是保证我们生命系统运转的基础。越来越多的研究证明，生命和生命存在的环境是相互依赖的，通过各种循环系统，生命维持着土壤的肥沃、气候的稳定，或者通过生命数量增减保持着各种平衡。这是个高度整合的系统，我们身处其中，一点也不比鸟儿或者花朵有更多的独立性。

让人惊异的是，大自然一开始就让人们认识到了这一点，我们在某些山洞发现的壁画就是证据。当年的祖先在昏暗的光线下，拿着血液、果浆或者泥土做颜料描绘了他们认识的也是他们所依赖的动物形态。我们已经无法确认这些在昏暗洞穴里的原始艺术家们的创作动机，但他们却深刻地抓住了人在大自然当中的正确位置。他们的头脑跟你我无异，但通过这些满是猎物的模糊绘画表达的观念却是多么的不同！

不过，艺术和精神上的灵感只是大自然对我们的世界观和幸福产生决定性作用的一个方面。因为放眼看去，我们看到的不仅是斑斓的颜色、各不相同的形状和稀奇古怪的组合，还能体验到它们之间无比复杂的相互关系，这些都反映在结构、化学成分和各种循环之中，它们把我们这个生命体系牢牢地联系成了一个整体。这些关系形式多样，比如有捕食者和猎物的关系，有植物和传粉者的关系，有树和食叶动物的关系，有草和食草动物的关系，还有寄生以及和宿主共生共栖等关系。

这些自然界差异也是实际问题的解决方案。在大自然不断变化和尝试的过程中，各种形式的生命也都必须不断进化它们的能力才能生存下去——否则就会灭绝。历史上曾经存在的无数物种都是自然消失的，在进化的道路上被其他物种取代了。我们现在只能通过它们留下的轨迹、痕迹和尸体化石将其补充到进化图表上去。

进化过程在基因层面上让新的有机生命发展，旧的退出舞台。这就是规定动物、植物以及其他生命形式的化学生命法则。这些法则写入了DNA分子里，反过来组成基因，确定每一种不同的生命形式，决定它们长成什么样、如何行为、能起到什么作用等。

只有掌握了这种基因语言，才能知道生存挑战的解决方案。这些方案不仅反映在我们肉眼看得到的结构和形式上，也反映在生命体拥有的各式各样的分子工具生产车间乃至生化武器兵工厂上。这些工具或者武器，有的已经为人类所用，但还有很多很多藏在土壤里的工具和武器还等着我们去发现。

化学武器族

我们前面看到，在地下黑暗的世界里也生活着大量而且大多不为我们所知的生命，它们可能帮助我们解决当今面临的很多难题。在电子显微镜下，放线菌看上去就跟蘑菇差不多，长长的细丝在土壤里延伸，可以起到多重关键功效，包括固定氮肥和分解有机物。为了能在周围艰难的环境里生存下去，它们进化出了一种化学防御物质。这种物质就是我们大多数现代抗生素的基础。其中一组叫作链霉素的，产生出我们现在临床应用三分之二的抗生素。这些源自天然的抗生素，包括红霉素、新霉素、四环素和头孢西丁等。

这些都是土壤在几亿年里孕育出来的，现在通过医院和农场进行复制生产。我们防御微生物进攻的武器就是这些看不见的有机物之间的斗争进化出来的抗生素。而且，针对细菌感染的战斗永远都不会停止——因而微生物穿越人体防御的能力也就不会停止发展。我们应该更加谨慎地使用抗生素，尤其是如果农场过度使用抗生素防止感染（而不是及时治疗），就会加速抗体细菌的出现，这些抗体细菌就会进一步入侵，而我们已有的抗生素对它们就没用了。我们还应该认识到，大自然已经发明了人类还没找到的其他抗生物质的重要性。

土壤里养育着未来可能帮助我们实现医学突破的有机物。比如，某些土壤细菌产生的有毒物质是目前已知的治疗癌症极为有效的药剂。土壤中无数我们未曾探究过的生命，也很可能极具商业开发潜力。这种开发不仅局限于医药，还包括农业、污染清理以及创造新兴产业等。

对我们的健康和幸福做出贡献的当然不只是微生物，还有很久以前就进化出来了的马蹄蟹，一种看上去就像是寒武纪的三叶虫。这种动物的祖先可以追溯到3.5亿年前，严格来讲，它们其实不是蟹，而是跟蜘蛛或者蝎子关系更近一些。

在马蹄蟹的生存奋斗中，它们经历漫长旅途，能产生一种淡黄色的血液，里面含有铜。在海洋世界里，这种蟹生活在一堆细菌中间，它们的血液就是在面对随时可能的感染时磨炼出来的法宝。它们的血液中有着超乎寻常的大细胞，可以产生凝固剂，这一点非常有用。当它们遇到细菌毒素时就会发生凝固反应，而这种属性如今已经被我们应用于药物解毒、疫苗以及其他医学应用领域。人们在海中捕捞到这种蟹后带到实验室，抽取它们最多不超过30%的血液，再把它们放回大海。

这一古老物种的血液救了很多人的命（还有很多兔子的命，因为之前是拿兔子进行药物解毒试验的）。直到今天，也还没有能够发明新的能够媲美马蹄蟹血液里得来的这种物质的药物。要是你曾经注射过这一药物，就会感谢这种动物还生存在这个世界上。它们历经了数亿年，从一次次导致无数其他物种灭亡的灾难中幸存下来，跟我们一起分享它们非同寻常的血液秘密。

还有一种叫作鸡心螺的动物演化出的一种独特的生存手段，也有可能在未来对人类的健康做出巨大贡献。鸡心螺也有着古老的祖先，属于最早出现在寒武纪的软体动物。它们是捕猎者，生活在长有红树林和珊瑚礁的浅海里。它们能自己调制出某种混合毒素以麻醉猎物。这种毒素是用不同的有毒蛋白分子合成的，它们将长喙当针头把毒素注入可怜的猎物身体里。为了防止猎物产生抗体，它们还会不断地变换毒物的配方。

过去，我们收集鸡心螺是为了欣赏贝壳上奇妙的图案，几百年来它一直是一种重要的商品。其实，它们演化出来的能麻醉猎物的物质比美丽的装饰性外壳价值大多了。人们正在研究鸡心螺的这种毒素，希望能借此找到一种治疗慢性神经痛的药物，因为这种病已经对绝大多数止疼药产生了抗药性。

还有一种致命毒药，中美洲一种树皮蝎子的毒液，也正在被测试能否用于心脏手术，因为它可能可以帮助提高心脏搭桥手术的成功率。最近，在治疗一种叫作神经胶质瘤的癌症中，还试验了一种黄色以色列蝎子的毒液。研究者发现，这种蝎子用来麻醉猎物的毒液里含有能够附着在癌细胞上的分子。

治疗癌症可能还得用上水母身上的化合物。最新研究表明，水母身上的发光细胞能够改进癌症确诊的方式。一种把水母身上的绿色荧光蛋白跟特殊相机结合起来的技术，可用于癌症的早期诊断。

海星是从远古时代的水母进化而来的动物——比寒武纪还早。它们也有着自己创新的生存手段，对人类很有帮助。生长在苏格兰西海岸浑身长满刺的海星外面有一层黏滑的东西，可以防止别的东西粘在身上，从而减少感染疾病的风险。这层滑溜溜的物质启发了人们创造出新一代抗炎药，用以治疗哮喘和关节炎。

说到海洋里的生命，最新研究表明，海洋微生物里蕴含着异常丰富的生物材料，包括难以计数的基因和成千上万种蛋白质等。这为人们开发新药物和工业生产提供了无限可能。

大自然产生的解决方案也可以帮我们找到走出化石燃料时代的途径。

食草动物一直靠生活在它们肠子里的细菌制造的酶分解纤维素，将其还原成糖，同时释放营养成分。这些动物自身不能产生这类酶，只能靠细菌帮忙。掌控这些酶，是我们能够利用植物枝叶里的纤维素（而不是果实）制造生物燃料的第一步。做到这一点，反过来还可以解决近年来出现的对能源作物的需求导致一部分粮食被用于燃料生产的矛盾。通过复制微生物产生的酶，可以从纤维素中把光合作用形成的糖分解出来，这些糖经过发酵后又可以变成可再生的石油替代品。

开发这类新一代燃料的灵感来自大象。大象的肠子每星期能够分解1吨纤维材料。搞明白了大象是怎么做到的，就能帮助我们找到更多有效制造生物燃料的新方法。

我们在上一章讲过，植物终有一天可能成为全新的生物经济基础。在太阳的驱动下，在食草动物肠道里的微生物产生的酶的催化下，新式生物提炼厂终有一天会替代石化工厂（这个目前我们化石燃料文明的基础）。从使用亿万年来存储的太阳能转到利用当下的阳光，不一定能解决我们所有的问题，但随着化石燃料减量环保需求的日益紧迫，地球的基因财富才是我们转向太阳能时代的基本考虑。

在工程建设和工业生产方面，人们也对大自然的设计产生了越来越浓厚的兴趣。人们在解决人类世界遇到的困难时，不时参考大自然的设计，这一做法日益成为主流，被称作仿生学（Biomimicry）——模仿自然生命的学问。吉妮·本尼斯在她的新书《仿生学》中，记述并研究了这一看待生命的新方法的崛起，其中的鲜活实例数不胜数。

蝴蝶翅膀上的鳞片，启发了新一代不用色素的涂料的诞生，这样能避免生产涂料时产生的污染。壁虎能在墙上行走的细微结构，帮助人们发明了新的黏合剂。座头鲸鳍上的裂片，激发了人们设计效率更高的风力涡轮叶片的灵感。沙漠甲壳虫，是干旱地区从雾气中取水方法的老师。蚌类用来把自己牢牢粘在岩石上的物质，出现在了牙医、海洋工程等领域的新材料当中。

白蚁窝的结构被借来开发超级高效的建筑。箱鲀超级强壮的身体给了汽车工业以启发，生产出了钢材用量更少但却更结实的汽车。一种叫作维纳斯花篮的深海海绵的结构，帮助人们发明了更结实的光导纤维电缆。在下雨的时候，荷叶表面能让雨水把尘土冲刷掉，保持干净以更利于自己的健康——这一设计现在正用于很多大厦的外墙上，这样就不用人工做清洁，既免去化学清洁剂的使用，又降低了成本。

鲨鱼背鳍也激发了重大发明，人们模仿了这种古老鱼类的粗糙外皮，让船行驶得更快。一家知名的泳装生产商，仿照鲨鱼的特点设计了新一代的泳衣。鲨鱼皮肤的技术被应用于飞机涂料上，提高飞行速度的同时节省燃料。“如果全世界所有的飞机都用这种涂料，每年可以节省448万吨燃料。”国际仿生工程协会前会长朱利安·文森特教授说。

生物解决方案也被用于一种新的屋顶设计当中，极大地降低了高温天气时对空调的需求，当然也就节约了大量的能源——在全球变暖的大背景下，这是一项非常重要的革新。一种虎蛇则可能帮我们在寒冷天气里做一件相反的事——怎么让暖气系统更加高效。既然这种蛇能仅凭生理调节控制好体温，那么我们只要搞清其工作原理，就可以利用技术掌握这一方法。

这种虎蛇生活在袋鼠岛弗林德斯山岭所在的另一头，澳大利亚很多的野生动物在这个岛上都能找到。虎蛇是鹈鹕湖研究站佩吉・瑞斯米勒的严密监控对象。这个位于澳大利亚南海上的岛屿，气候恶劣，它的南面与南极洲隔海相望，大约相距4500公里，常常有风暴从南面席卷而来，给这里的海岸带来恶劣天气。这对当地的爬行动物来说，不啻是个天灾，因为它们（跟我们哺乳动物不一样）无法自己调节体温，必须解决外部温度的问题。

这种虎蛇有剧毒，行踪隐秘，所以给研究带来极大不便。不过，瑞斯米勒花了很多时间来寻找它们，对它们的生活和生态有了一定的了解。她告诉我说，这种蛇有七种颜色，“可是不管是什么颜色，它们身体的前三分之一都会尽量拉平，暴露出鳞片下面的黑色皮肤。这样做能让太阳给自己加热，不管阳光多么微弱。一年四季，它们都能抓住间隙把自己晒暖和。然而，这种虎蛇怎么会有如此强大的太阳能收集能力呢？我们要是了解了这种蛇的太阳能加热技术，就可以让太阳能技术更加高效了，这样就可以白天收集太阳能、晚上用了。”

研究动植物在大自然中的生存技巧，还可以让我们在改进材料结构方面大有所为。珍珠质，又叫“珍珠之母”，是牡蛎或者其他双壳类软体动物体内的涂料。这些动物能够用普通粉笔——就是我们常用来在黑板上写字的小棍子——一模一样的材料制造出性质完全不同的东西。珍珠之母坚固的特性是通过无数薄片的严密堆叠和排列达到的。哪怕是给它施加压力，也不会出现丝毫裂缝。

其实仔细研究一下木头，也能看出结构设计上的一些巧妙之处。硬木木材上的洞孔非常细微，在受到侧面压力时会破裂。这样的结构使得它们比大多数用针叶树生产出来的软木要坚硬得多。这一自然创新的方案可以帮助我们解决结构设计问题，而不仅仅是工程建设里常用的加厚加粗。

还有一个人类的基本需求也得依赖于大自然的多样性——食物。

饮食多样性

我们每天吃的食物曾经都是——其中极少数现在仍然是（比如马林鱼）——野生的动植物。几百年甚至数千年的精选优育，产生了很多产量超高的品种，让我们能够满足不断增长的人口数量和生活水平提高的需要。随着人口的不断增长，以及人类越来越丰富的饮食模式，我们需要更多食物。

我们不得不生产更多粮食的目标必须和保护土壤和水源、守住现有森林面积及其他自然栖息地，以及减少对环境的营养污染等目标一起实现。实现这些目标的同时，还要处理好气候变化带来的后果，以及害虫和疾病对于打击它们的化学武器越来越具有抵抗性的巨大难题。

我们一直认为，这些复杂问题的答案都是技术层面的，比如新的杀虫剂或者基因工程等。基因是解决这些问题的重要元素——可是真正的解决方案恐怕不在于基因工程，而在于基因的多样性。

自从人类从狩猎采集食物走向农耕以来，农民们一直在栽培植物、饲养动物、开发提炼出最适合人类需求的品种。抗病能力强、抗旱能力强、抗寒能力强，或者能够在盐碱地上生长的品种，被各个时期的各地农民们培养了出来，形成了一系列的农作物体系。

经过数千年的精选优育，我们的主要农作物呈现了丰富的多样性。在这些被我们选中驯化的物种中，它们的野生亲属们仍然生存着，而且也进化出了自己的生存策略。只要这种驯养和野生的多样性还继续存在，我们就拥有万一发生变化时退回去的资源。否则，我们的食物供应就太脆弱了。

香蕉就是一个很好的例子，它是英国最受欢迎的水果之一。我们每年要吃掉60亿根香蕉，这种热带植物果实看上去都一样，包裹着修长的黄色外皮。

几千年前，在水汽氤氲的热带丛林里，一位农民发现了一种能结罕见香蕉的树。跟其他香蕉相比，这种香蕉特别大、特别甜。这是一种自然变异，发现这棵香蕉树的人立刻意识到它很特别，开始专门培育这棵树。但有一个问题：这种变异导致这棵树不育——它没有种子。于是，为了维持这棵树，人们把它的枝条砍下来种植，然后再把枝条砍下来接着种，就这么年复一年地种到现在还在截枝种植。

因为这棵极具商业价值的香蕉树一直以来都没有基因交换，所以这些长出果实的香蕉树到现在都还是一模一样——真实的克隆。出现这种情况，是因为我们吃到的水果都是从扦插繁殖的树上长出来的，而不是从经过性接触产生的种子里长出来的。这种方法其实是把我们喜欢的水果拉出了进化的行列。也许几千年前这棵树变异时还有一点抵抗疾病的能力，可随着时间的推移，这种能力肯定在退化。而事实的确如此，香蕉在基因上保持不变，可是导致疾病的有机物却没有停止变化，它们在不断洗牌、混合，让自己的基因不断变化以争取最大的利益，所以毫无抵抗能力的香蕉就只能坐以待毙了。

这对很多人来说是生死攸关的大事，因为在不少发展中国家，香蕉或者与香蕉相关的水果是他们的主食，关系到数亿人的营养健康。这就是最近两种真菌引起的传染病的暴发被拿来跟当年爱尔兰土豆饥荒相提并论的原因。亚马孙河的香蕉生产遭遇灾祸，结果非洲就发生了粮食危机。人们采取的应对措施之一是使用更多的杀菌剂，导致现在很多种植园因为每年使用高达四十多种化学喷剂而变得臭名昭著。发明新的化学喷剂也许能为我们争取一点时间，可是真菌还是会继续进化，它们很快又会对我们新一代的化学喷剂做出反击，产生抗体。

还有一种可能是，在我们依赖的这种商业作物野生亲属的基因库里去寻找解决方案。在香蕉例子中，已经使用这种方法培育出了能够更好地抵抗这种真菌的水果。这是通过一种叫作转基因的技术实现的，这一技术能让植物培育者哪怕在没有开花传粉的情况下，也能把相同种属的植物基因搬来搬去。为了维护粮食安全，必须通过开发新的作物品种来创造新的基因。目前，我们还只能利用现有的基因，这就是近年来人们不遗余力地去保护现有品种的原因所在。

虽然有关“农业到底应该在多大程度上依赖基因技术”的问题还处于激烈争论当中，但“基因对我们的食物安全至关重要”这一观点已经是非常明确的了。这种重要性并不仅在于通过基因工程把其他物种的基因插入农作物中，而且更是在于保护和发展历史积累下来的丰富的作物基因遗产。

在大自然中产生的，经过数十亿农民数千年的培育传承下来的农作物中的这份巨大的生物信息宝藏，加上它们的野生亲属基因，可能才是在未来能够维持人类人口健康发展的最重要资源。在2005年的一项声明中，以这种方式利用基因的最新技术吸引了大家的关注。科学家们声称已经破译了大米的基因，并且随着基因排序变得机械化，人类将彻底了解越来越多的植物品种。

通过了解大米这一关键作物的全部基因组成，科学家可以更好地开发大米的不同品种，以更好地适应我们这个人口不断增长、气候变化无常、水资源缺乏和自然资源减少的新世界。了解了某个基因或者某组基因决定了作物的某个优点，我们就可以加快农民们实践了数千年的优育过程。但能这么做的前提是，要有丰富的基因库供我们操作。

直到最近，农作物的基因多样性大都是靠农民们在不同的地里种不同的庄稼来保持的。他们留种而且分享种子，既维持了品种差异又选育出新的品种。不同的品种之所以被保留下来，是因为它们有着不同的优势——比如抗病虫或者抗干旱等。可是，为了满足人口增长对粮食产量的需求，现代化精耕细作农业出现了，这倒成了一个重大威胁，因为它可能最终导致我们想要解决的问题更加糟糕。

越来越精细的单一高产作物带来的一个后果就是，很多曾经的品种慢慢就用不上了。根据联合国粮食及农业组织的报告，自1900年以来，已经有75%的农作物基因多样性消失了。没有了！现有的也都存在极大风险，包括那些对我们未来的营养补给有着举足轻重作用的品种。

不过，这一点已经得到了大家的重视。近年来，人们不断努力收集各种各样的农作物以及它们的野生亲属样本，并分门别类予以保存。目前，全世界已经建立了大约1400个“基因银行”（至2022年，已超过1700个。——译者注）有些是针对某一种农作物的，有些则是基于国家或地域的。然而，大多数都渐渐出现“资金”短缺现象，有的已经变得非常脆弱。

2006年9月，肆虐菲律宾、越南和泰国的台风“象神”登上了新闻头条。这场风暴导致数百人丧生，经济损失高达数亿美元。一道卷挟着泥巴的水墙冲垮了菲律宾国家植物基因资源实验室。他们保存的很多花生、高粱和玉米品种抢救出来了，可是仍有很多都被冲没了。几百年培育出来的农作物品种就这样永远地消失了。这就是基因银行一定要把所有的标本都在其他地方备份一份的原因。

人们还在努力保障这些基因能有第三个备份——放在地球上最安全的设施里：斯瓦尔巴特的全球种子保险库。斯瓦尔巴特群岛位于挪威北部的北冰洋上，那是一个偏僻荒凉的地方，只有北极熊、海鸟出没。虽然没有任何文明，但却被选定为保存独一无二的种子的最佳地点。保险库设计得可以抗击各种自然及人为灾害，其主要目的就是保存目前公认的对人类未来生存至关重要的生物多样性标本。这个看起来像是电影里的高科技设施，只有一个水泥钢筋的入口突兀地屹立在北极的荒凉当中。

人们可以通过海平面之上的那个大门进入一个庞大的圆拱形掩体里。斯瓦尔巴特保险库能够经受住时间的考验，在面临气候变化、战争时也能挺住。那里寒冷的天气可以保证哪怕是在长期停电的情况下这些种子也能鲜活无恙。这是一个罕见的灾难规划案例，是人类对环境变化的提前应对。

保险库于2008年开始使用，当时从123个国家接收了26.8万种不同的样本。2年后，这个保险库的收藏达到了 50万种，成为世界上最大的植物仓库。每一个品种存储了500个种子，所以里面总共有超过2.5亿份样本。其终极目标是要保存每一个国家每一种主要作物的每一个品种样本。

当农业科学家们不断为世界农业增添新品种的时候，他们在牧场、沙丘、森林和礁石间工作着的同事们也记下了越来越多的野生动植物“新”品种。就在我写这本书的1年间，数以百计的植物以及7000多种昆虫被发现了。新品种的乌贼、狐蝠、鹦鹉和青蛙等生命形式都被最新的研究记录了下来。

这些科学家从未见过的品种，被添加到大约180万已命名的品种当中。这与我们对星球实际品种总数（也就是还包括未命名的那些）的估计数据差别很大，因为实际数据可能会超过1亿。一个最新的计算数目是在800万~900万——这也已经是我们现有记录数目的6倍了。

这180万已经被命名并且存储起来的物种，分散在世界各地的收藏中，以色列的特拉维夫大学就是一个。以色列收集的野生动植物标本数量跟其他机构（如英国自然历史博物馆）相比不算大，但也包含了丰富的独特品种。四楼自然科学部的一个走廊里，摆着成千上万的玻璃标本盒，每个盒子里都装满了几十上百种昆虫标本，包括苍蝇、甲虫、蝴蝶和蛾子等。一个个玻璃盒子里装着小小的虫子，一个个瓶子里装着海洋生物以及动物标本。储藏室里还有几个私人捐献给大学的藏品，装在各式各样的盒子、箱子或者匣子里。有的柜子雕饰精美，顶上镶着玻璃的抽屉可以滑进滑出，方便展示里面的数以千计的蝴蝶标本。这些柜子散发着樟脑球的味道，因为抽屉里特意放入了樟脑球，以防止害虫侵蚀这些无价之宝。

这里有些藏品采集于19世纪，已经成了无法替代的孤品。那些贴了红色标签的尤其珍贵，因为那就是所谓的“模式标本”——最早发现并记录的标本，用来跟未来的标本做比较。

大卫·弗思用专业的眼光扫视这些柜子。他是个分类学者（专门研究生命的不同形式并给它们分类的科学家），平时在华盛顿的史密森尼学会工作。他来到特拉维夫是为了帮他们整理这些收藏，设计一下怎么让这些收藏跟上最新发展。他拉出一个抽屉，让我们透过玻璃盖子看里面的标本。他戴上眼镜研究了里面的内容后说："这些苍蝇看着像是蜜蜂，可是它们不是蜜蜂，因为它们只有两只翅膀而不是四只。如果蜜蜂没有了，我们可能就需要更多地了解这些生物，因为它们也跟蜜蜂一样是传粉者。"这个小柜子里面大约有70种标本。

在弗思眼里，这些藏品不仅仅是生物多样性的展示，也是时间和地点的快照。"每一个标本都有一个标签，以说明它是什么时候在哪儿被采集来的，而这些就是难以想象的宝贵信息，因为它说明了在某天的某个地点发生的某个特定事件。"维护好这样的收藏，才能帮助我们标记清楚气候变化以及其他方面的趋势。

在这个瞬息万变的世界里，我们照料好这么一个收藏的任务变得无比重要，可实际上它得到的支持却越来越少。比如，有能力有技术来承担这项工作的人员越来越少。在特拉维夫大学的这个博物馆里，只有屈指可数的几名工作人员，而且都六七十岁了。

为了保持地球生物宝库给我们的福利，为了让我们的未来能有更多的选择，也许只保存这么一部分样本也就够了，只要能保证它们的安全，并且做点记录就够了。可是情况并不是这样的。就像植物的差异一样，野生动物的差异也在消失，而且消失的速度很快。目前，物种灭绝的比例无法准确量化，因为我们对一开始到底有多少品种也说不上来。我们只知道物种消失得很快，原本生命最为丰富的区域都遭到了清理、耕作或者污染。最为明显的就是气候变化带来的后果，从热带雨林到珊瑚礁，地球的各种生命体系都处于持续增长的压力之下。

鸡心螺的减少就形象地说明了这一点。由于大规模的采集、栖息地的破坏和气候变化等原因，许多动物品种都面临灭绝的危险。随着一个物种的消失，它能帮助人类解决某一痛苦的独特潜力也就随之消失了。好在，我们至少已经开始意识到这些动物是怎么帮助我们的。其实，还有很多我们不知道的呢。

胃育蛙发展出了一种独特的能力，可以把它们的小蝌蚪放在胃里寄生，从而大大减少了被天敌捕杀的危险。这一策略要求有非常精巧的生理调整，以防止成年蛙的胃液把小蝌蚪给消化了。研究人员认为，这种方法可以帮助发明治疗困扰几千万人的胃溃疡药物。但我们现在没法做到了，因为胃育蛙灭绝了。它们是刚刚消失的，因为它们的栖息地被破坏了。我们还没来得及搞懂它们那高超的生理技巧，它们就消失了，那种技巧是它们生存方案的最核心机密。

在面对科学和现实生活的双重警告时，我们放眼于长远的能力似乎真的很有限。我们人类，此时此刻，也许正站在前面提到的站台检票口，虽然把我们带到这里的这段旅程大家已经很清楚了，可是却很少讨论之前的旅程会如何、下一站会怎样。看着这段假想的旅程，无疑是生物多样性把我们带到了目前这个位置，而且也将在下面的每一步当中起着生死攸关的作用。没有了生物多样性，我们的车票将毫无用处。

我们当然可以把一些无法替代的品种保存在基因库里，就像斯瓦尔巴特的那个保险库，还有更多的品种至少也还可以暂时放在动物园里。可还是有问题：把基因的组合拿出进化过程就意味着它们成了静态的，失去了动态适应的能力；而且地球上生物多样性的保护还有一个操作问题，即便是所有的动物园都专注于保护那些濒临灭绝的动物，也只能容纳下其中的一小部分；而且基因银行里的种子也并非可以无限期保存下去——它们需要定期地种下去生出新种子来，否则基因就会衰败，种子就死了。

此外，还有一个大问题，大自然生物多样性里表现出的基因智慧只是地球上的生命对人类福祉贡献的一个方面，在未来很长时间里，它除了能为我们在工程、设计、农业、医药和能源体系方面提供大量信息之外，最重要的是它本身就是个各种关系和系统的巨大复合体，正是这些复杂的关系支撑着生命网络的正常运转，同时支撑着人类世界的发展。

对很多生态体系来说，多样性是一个重要特征。它能保持体系的正常运转，抵抗打击，还可以从打击当中自我恢复。但随着部分物种的消失，自然体系的这种能力也就大大降低了。

艾伦在设计“生物圈2号”的过程中就发现，我们要保存的不仅是里面的东西——基因、物种、栖息地，还有生态体系——更重要的是生命和它的支持系统之间建立起来的相互关系。

此种关系对大自然运转非常重要。接下来我们就看看这类关系中常见的一种，即在开花植物和帮助它们实现性生活的动物之间的关系。

手工为果树授粉（中国）

Chapter 4 | 传粉者

1 万亿美元 —— 每年依赖动物传粉的农作物销售额

1900 亿美元 —— 传粉动物每年为农业提供的服务价值

三分之二 —— 主要农作物都依赖于动物传粉

1884年12月，汤加里罗号蒸汽船从伦敦出发前往新西兰的基督城。这艘排水量为4000吨的全新铁壳船的使命是全球长途跋涉，负责其各殖民地之间的联系。船上装有当时最先进的冷藏设备，随着对肉类和奶制品的需求不断高涨，这样的设备可以轻松地把遥远殖民地的产品运到宗主国去。不过，在前往新西兰的路上，它的冷库里装的是很不寻常的货物：大黄蜂。

新西兰的农民很快就发现这边气候温和湿润，是很理想的牛羊牧场。只是有一个问题：他们从英国带来的红花苜蓿草在南半球的牧场上长得虽然很丰茂，可就是不结种子，每年春天的时候只能靠从英国进口种子才能长出新的牧草。这种举足轻重的经济作物在新西兰不能繁殖，是因为这里没有能让苜蓿草的花朵结果实的天然传粉者。

发现试管状的苜蓿花需要长舌头的大黄蜂才能完成它们生命循环的人叫

查尔斯·达尔文。这两种东西——花朵和昆虫，是一起进化出来的，苜蓿花需要蜜蜂搬运花粉，而蜜蜂则需要花朵产的蜜来当食物。

汤加里罗号用冰柜运送蜜蜂是第一次，但这却不是第一次把蜜蜂从英国运到地球的另一边。一个名为“水土适应协会”的组织，已经往这边运送过好几次蜜蜂，可惜蜜蜂都死掉了。他们把蜂巢整个装在箱子里，一路上保持着温度，可蜜蜂还是死了。后来他们又试图只运蜂王，用潮湿的泥土把蜂王装起来，外面覆盖上苔藓，可惜最后还是死了。汤加里罗号上的冷藏设施又为人们提供了一次机会，肯特郡的沟渠清洁工人负责捕获短毛的大黄蜂，抓到蜂王的更是重重有赏。这些蜜蜂就这么踏上了长达1个月、前往地球另一边的旅途。

蜜蜂们终于抵达了惠灵顿，在1885年1月8日被运到了位于利特尔顿的坎特伯雷水土适应协会的花园里。肯特郡收集的282只蜜蜂中，只有48只还活着。这些小家伙被放入这个从未出现过蜜蜂的世界里。已经交配了的蜂王在仲夏的微风中飞来飞去，指挥手下建起一个新的大黄蜂王朝。它们的效率很高，1886年，在头年放蜜蜂以南100英里、西部86英里和北部55英里外都发现了大黄蜂的踪迹。到1892年，大黄蜂的数量已经多到让养蜂人担心会对生产蜂蜜的蜜蜂产生威胁了。

为了制造蜂蜜或者帮助作物传粉，前前后后总共有8种蜜蜂被人为引进到新西兰。这些蜜蜂在经济上的作用举足轻重。新西兰出口的所有肉类、奶制品、木材、水果和蔬菜以及羊毛，或多或少都要依赖蜜蜂这一传粉昆虫。因此，蜜蜂在新西兰的财富积累、把新西兰建设成世界上最富裕的国家之一的过程中，扮演了不可或缺的重要角色。

可是，为什么有些植物必须要在昆虫的帮助下才能结出果实呢？

植物的交配

跟高等动物一样，植物也有雄性和雌性构造区别。那些产生花粉的结构就好比动物身上制造精液的睾丸，而能够接受细微花粉进而完成受精过程的器官则相当于动物的卵巢。只有当花粉里携带的基因跟卵子细胞核里的基因结合之后，才能产生可发育的种子。当新西兰的大黄蜂把花粉从一朵花搬到另一朵花上，让卵子受精，传粉的任务才算完成，种子才能开始生长发育。

植物费尽力气要吸引昆虫或者其他动物来帮它们传粉，和动物不辞辛苦地要交配是一个道理。通过交配，它们可以大大提升后代的繁殖概率，从而把自己的基因传承下去。

因交配而产生的后代或者种子，带有父母双方的基因。没有交配，繁殖就只能靠克隆——克隆只能跟原先的个体一模一样，只拥有原先那一套基因。有些动物和植物有时被迫使用克隆的方法，比如找不到交配对象的时候。交配的优势不言而喻，所以绝大多数高等动物和植物都要花很多时间和精力来寻求交配，以延续自己的生命形式。

我们星球上的花朵就进化出了非常高级、特别的传粉交配方式。在这些主宰了我们陆地生命形式的高级有机物出现之前，地球上虽然也是绿色的，但却都是些原始植物，比如地钱、苔藓、蕨类和现代针叶树木的先祖树。

在需要动物传粉的植物尚未进化出特殊结构和策略的时期，昆虫或其他动物的传粉活动也有发生，但只是偶尔行为，并非大自然的设计。因为有些生物就以植物有营养的繁殖器官为食，它们觅食的时候就把花粉带来带去。也许这就是现在我们周围的开花植物进化的第一步。主要的传粉昆虫分为四类——甲虫、苍蝇、蜜蜂和黄蜂，此外还有蝴蝶和蛾子，它们的进化早于开花植物，所以，似乎是有什么事件激发了这一如今随处可见的亲密合作关系。

关键的转变似乎就在于，这些昆虫是如何从植物繁殖器官的食用者转变成植物蓄意吸引的帮手的？最开始可能是因为植物制造出了蛋白质超丰富的花粉，昆虫过来吃掉了，接着去了另外的花朵那里，这样就完成了植物的“心愿”。因为花粉多而成功交配的好处显然比坏处要多。

这一转变似乎发生在1.4亿年前（在上一章中提到的剑桥之旅的四分之三处）。那时候，包括现代木兰花、豆蔻、肉桂和鳄梨等植物家族的代表，以及茶花、巧克力豆、棉花、南瓜、甜瓜等现代作物的代表也都出现了。这是一个植物品种爆炸性增长的开始，最终涌现出40多万种开花植物。其中，有些靠风来完成传粉，很少一部分靠水完成，其他大部分——大概90%的现代品种——都是靠动物来搬运花粉的。

依赖动物传粉的原因很简单：干脆直接。靠风传播花粉很不靠谱，而且效率低下。把花粉直接从一朵花搬到另一朵花上更加可靠，也不会浪费太多花粉。不过，它的确需要另外一些付出，包括必须得能够吸引动物传粉者，比如得有制造花蜜的器官来生产很多动物都喜欢的蜜汁。植物还需要尽力让自己的花儿开得鲜艳、花香四溢，以便来给自己的花蜜做广告。如果植物成功地吸引到了动物来吸蜜或者吃花粉，那么来者身上就会沾满花粉并带到另一朵花上，让它能够长出种子来。

一开始，这可能只是植物和动物之间的一种泛泛的关系，“全科”昆虫各种各样的植物都吃。可是随着时间的推移，越来越多的复杂关系出现了。有些动物开始只对一种植物或一小群植物感兴趣。不同的昆虫，甚至包括一些鸟儿和蝙蝠，也都养成了专门吃高能量花蜜的习惯——别的都不吃或者几乎不吃了。

对热带森林的研究发现——正如人们所料——分布较广的植物基本上都有它们的专业传粉者，而常见的大量开花的树则一般由多种全科昆虫帮助传粉。

需要专业传粉者的植物族群典型代表是兰花。这种植物开的花非常精细复杂，进化出了多种吸引昆虫的方式，远不止通常提供花蜜那么单一。在兰花族群的3万个品种中，有约三分之一是靠欺骗昆虫来帮助它们传粉的。它们用食物的诱惑把传粉者吸引到花朵上，最终却什么也没给人家。

花朵鲜艳的颜色，有时还加上甜蜜的香味，足以吸引昆虫的到来。尽管来了之后很失望，它们却也已经带走了花粉。这些植物显然寄希望于这些昆虫很快就会再次上当，利用同样的诡计吸引昆虫把花粉带到另一朵花上。

还有一群兰花的骗术更加高明，它们使用的是性欺骗。雄性昆虫被花儿释放的雌性激素所吸引，过来寻找交配对象。雄性昆虫试图跟花儿交配，于是沾上了花粉，然后带着这些花粉又到了另外一朵花上。这是非常复杂的策略，而且还意味着这些植物只能吸引唯一的一种昆虫来为它们授粉。虽然一说到传粉昆虫我们就想到蜜蜂，但自然界其实总共约有10万种动物授粉者，其中大部分是昆虫，而且的确是以蜜蜂居多，但也有鸟类和哺乳动物。

我观察鸟类很多年了，最惊艳的就是看到它们为花儿传粉。在澳大利亚南部的桉树林里，我见过一群麝香吸蜜鹦鹉（一种很小的鹦鹉）正和一群新荷兰蜜雀进食。两种鸟儿都是靠花蜜和花粉为生，身体也因此有了相应改变。吸蜜鹦鹉有着像刷子一样的舌头，而蜜雀则有着长长的向下弯曲的喙，可以伸到花朵里面去。我在那里足足看了一个小时，漂亮的红绿蓝相间的鹦鹉在密集的花丛里飞来飞去，耍杂技般地用脚跳来抓去，嘴巴不停地在吃。黑白黄夹杂的蜜雀也在其间蹦跳着，形成一幅缤纷绚丽的动态景观。这一切都基于它们背后的大树想要借它们在不同的花朵之间传播花粉的需求。

在哥伦比亚的安第斯山脉一片亚热带雾林中，我看到过7种蜂鸟对一片花丛展开进攻。这些七彩的鸟儿，有的长着亮紫色和耀眼的翠绿色羽毛，在花丛中进进出出。它们那盘旋式的飞行方式和长长的喙，跟它们的这种吸食花蜜为生的生存方式真是珠联璧合。它们吸收了高能量的食物来维持自己疯狂的翅膀振动，作为回报，它们也为植物们搬运了花粉。

捕蛛鸟和太阳鸟也是传粉者中的重要力量。

说到哺乳动物，蝙蝠是其中最为重要的授粉者，尤其是各种各样的水果蝙蝠。靠蝙蝠传粉的植物一般都开白色的花，香味浓烈，因为它们必须得在夜间还能吸引动物们前来帮忙传粉。想吸引鸟类传粉的植物一般都开红花，但从来不靠香味展示花蜜，因为鸟类似乎都不靠嗅觉寻找植物食品。

大自然里发展出来的成千上万种的传粉关系，是决定自然体系特点的重要指标。没有传粉者，大多数的生态系统都无法像现在一样运转，就会导致生物多样性的减少和自然系统服务的大大缩水。事实上，生态学家们认为，传粉关系被打断是很多物种灭绝的一个被忽略了的原因。因为，某一植物品种内多样性的减少会导致它们适应环境变化以及对抗疾病的能力下降。

传粉和防洪、碳储存一样，在生态维护方面对人类经济的正常运转非常重要。可是对我们来说，传粉动物最实际、最直接的意义还在于其对农业所做的贡献。

假如没有野蜂

欧洲式的农业移植到新西兰的遭遇证明了一个问题：传粉对粮食生产举足轻重，不论是我们直接吃的粮食作物，还是用于喂养为我们生产肉、奶产品的食草牲畜的草料都有赖于它。而且这个问题并没有成为过去时，在全世界，有很多的农业社区已经意识到了传粉的实际价值——那是因为他们已经失去了传粉者。加利福尼亚州中央山谷的杏仁种植区就是一个例子。

这里是美国最为集中经营的农业区之一，面积超过25万公顷，世界上五分之四的杏仁都产自这里。这里的条件非常理想，气候温和，冬季凉爽湿润，土壤适中，生长季节时阳光灿烂。正因为一切都那么合适，这块地才被压榨着以争取最高产量和利润。

罗宾·迪恩是一家叫作红蜂巢公司的蜜蜂数量增长策略顾问，这家公司专门帮客户确保蜜蜂的有效传粉活动。他告诉我中央山谷的杏仁集约化经营将这块土地推向了危机边缘：“土壤板结、水资源紧张、灌溉系统引起土壤严重的盐碱化，还有那些预防病虫害的化学物质带来的问题等。杏仁的收获是机械化的，用机器摇动树干把果实震下来。然后果实被推成一排一排的，晒干后再用机器收集起来。因为采用了这样的机器，树下的地里就不能长任何其他东西。整片土地除了杏树外光秃秃的。好几英里的土地就这么光秃秃的。”迪恩接着说，这种状况的后果之一就是“这片土地上根本就没有天然的传粉者”。这可真是个巨大的难题。

开春的时候，所有杏树上同时绽放出一团团白的、粉的花朵。必须尽快让其完成授粉过程杏仁才能尽快长出来。这段短暂的时光完全决定了这一年最后的收成。而授粉是否成功，可以用数百万美元来计算。这也就是为什么种植者们愿意出大价钱来买大约六周的蜜蜂来帮助传粉。这个数量还真不少。

加利福尼亚州中央山谷的杏树需要100万个蜂巢才能完成授粉过程。卡车一车车地从全国各地运来蜂巢，以赴这场传粉盛宴。为了把这件大事办好，养蜂人把他们的蜂巢都放在杏树果园里，等杏花绽放的时候，蜜蜂们就在杏树之间忙碌穿梭着，就像是展开了一场军事行动。每个健康的蜂巢有4万～8万只蜜蜂，而每一只蜜蜂一天可以帮助约300朵花传粉。

正如大家所预料的一样，这一区域杏树的快速增长也就激发了更多的传粉服务，而这又推高了租用蜜蜂来传粉的服务价格。现在，在传粉季节里，每个蜂巢的租用价格为200美元。而30年前，这一价格不过10～12美元。为了满足这一需求，这一行业已经发展成了大产业。“有个老板拥有8万个蜂巢用于出租传粉服务，他们从中其实采不到多少蜂蜜，而是靠传粉赚钱。”迪恩说。

等到杏花凋谢、杏树结果、蓬勃生长的时候，大部分的蜜蜂都会离开这里，被运到北方的蒙大拿、北达科他、俄勒冈和华盛顿州。那里的春天来得晚些，蜜蜂还可以赶过去给樱桃树、苹果树和梨树传粉。

在世界其他地方，为了保证果树生产，还有更加极端的授粉手段。中国四川的茂县就有一个例子，那里的果农们曾为了填补失去天然传粉者的空白，只能采取更直接的人为行动了。

中国的这一地区早在20世纪80年代失去了大多数传粉者，后来只好自己动手，通过人工传粉。春天的时候，果树上百花齐放，成千上万的农民爬到苹果树或者梨树上，用鸡毛做的刷子或者香烟的过滤嘴一朵一朵地抹花瓣。就这样，他们把黏糊糊的花粉从一朵花转移到另一朵花上。

当今世界，一个主要问题就是杀虫剂使用太多。罗宾·迪恩解释说："有时候，天然传粉者就是被化学杀虫剂消灭的。在喜马拉雅山脚，因为气温太低，普通的蜜蜂无法为果树传粉。大黄蜂是天然的传粉者，可惜它们被消灭掉了。也许有一天它们的数量还会回升，可是目前只能暂时靠人来手工传粉。"所以，当人们广泛使用杀虫剂来提高果园产量的时候，负面作用其实也不容小觑。

此外，就像新西兰苜蓿草的例子一样，还有农民把新庄稼移植到另一地理区域时产生的问题。

油棕原产于西非。20世纪60年代初，人们想把它移植到马来西亚。那里的气候条件很适宜，油棕在那里生长繁茂，可就是不结果。人们很快就查明了原因——雄树上的花粉到不了雌树上。因此，最初也是采用了昂贵而又劳动力密集的人工传粉。

但这一方案实在不是个好办法。后来，研究人员发现，在油棕的原产地喀麦隆，传粉工作是由一种小甲虫完成的。1981年，经过谨慎筛选，人们把这种小甲虫引进到马来西亚的油棕种植园。于是传粉成本立刻降到几乎为零，5年之内，油棕果产量从1300万吨上升到了2300万吨。近几十年来，棕榈油的生产直线上升，尤其是它成了这一地区最高产的经济作物。但若没有传粉者，棕榈油的产值将大打折扣。

这些小小的传粉者有着重大的实用意义，是因为棕榈油应用广泛：从人造奶油到洗发香波，从饼干到冰激凌，都少不了它。

以上提到的，以及很多没提到的关于传粉者由于种种原因缺席的例子，让我们意识到，我们是多么依赖这些帮助植物交配的小动物们。通常，它们的服务被看作是免费的、天经地义的，可最近，这样的想法遭到了质疑。因为生态体系的重大变化导致了我们对传粉的天经地义产生了担忧。

我们对传粉服务的依赖程度可以从一个事实中得到证明：大约三分之二的粮食作物都是靠动物传粉的。而这些作物为我们提供了三分之一的热量，这还没把维生素、矿物质和抗氧化剂等保证我们健康的重要物质算进去。

联合国粮食及农业组织是专门研究全球粮食安全的专业机构之一。据其估算，全球146个国家中大约有100种农作物为我们提供了90%的粮食。其中，71种主要是靠野蜂来传粉的。其他的传粉者还包括各种昆虫，比如苍蝇、蛾子和甲虫等。蓝莓、葡萄、鳄梨、樱桃、苹果、梨、李子、各种南瓜类及黄瓜类果蔬、草莓、山莓、黑莓、夏威夷坚果及其他各种水果等，全都依赖蜜蜂传粉。没有蜜蜂，就没有水果——至少是大部分水果都没了。

不仅水果的数量取决于传粉，其质量也是一样。传粉者光顾得越多，西瓜的颜色越深，味道越好。有证据表明，咖啡的花粉传播距离的长短直接影响咖啡的质量。

有个苹果质量因传粉活动受到重大影响的例子。如果没有传粉者，苹果也可以自我授粉，但这种不得已而为之的自我授粉会导致水果质量大大下降。罗宾·迪恩做过研究："我们用塑料袋子把一些苹果花盖了起来，让蜜蜂没法靠近它们。我们在每棵树上都选择了差不多的花朵盖起来，并做好记号，其余的照旧，然后就观察这些水果的生长。那些依靠传粉者帮助完成授粉过程的，果实矿物质含量更高，而且坚实度一般要高10%左右。这对存储来说非常重要，当苹果被存储装运的时候，新鲜度会持续下降，而长得坚实一些的，保存期就可以长一些。这10%的差别相当于能在冷库里多保存6~8个星期。坚实的苹果不需要太多的化学喷剂保鲜，也能节约不少成本。”

虽然苹果不用依靠外力帮助传粉也能结果，但产量会下降。另外一个实验结果，可以更好地说明传粉者的缺席将会如何影响产量。罗宾说：“我们在两根树枝上各找了125朵花，一根树枝有传粉者帮助，一根没有。有传粉者帮助的那根结了60个苹果，而另一根只结了30个。也就是说，没有传粉者，苹果树也还能结果，但产量降低了一半。”

对于那些我们食用叶茎秆或者块茎的植物来说，传粉活动依然至关重要。因为传粉活动决定了结籽情况，从而决定了来年作物的生长情况——包括甜菜根、欧洲萝卜、胡萝卜、莴苣、洋葱、韭菜、大头菜以及各种橄榄菜等——传粉还有助于保持这些植物的基因多样性，而基因多样性又有利于保持它们对环境变化（包括气候变化）的适应能力。

琳达·科利特是联合国粮食及农业组织专门研究农作物生物多样性的专家。她指出目前我们对传粉者的认识还远远不足：“因为昆虫实在太微不足道了，或者也许是因为这一体系过去一直运转良好，未受任何干扰，导致公众甚至是有些专业的农民和农业技术人员对它们的认知都非常少。实际上，生态系统中，传粉者提供的服务对粮食生产来说是最基本的。这些服务为全世界的农民的生计做出了巨大贡献。”

那么，传粉动物们所做的工作在经济上的价值到底有多大呢？这里有好几个评估结果。德国哥廷根大学的农业生态学家亚历山德拉·克莱因说：“依赖动物传粉的农作物每年销售额大概在1万亿美元，而整个农业生产的销售额也就3万亿美元。”既然大多数农作物都需要靠动物传粉，可为什么其销售额却只占整个农业销售额的三分之一呢？因为在我们作物体系里有几个最重要的品种——比如小麦、玉米、大麦和大米，都是靠风力授粉的。

回答这个问题的另一种方式是计算替代传粉者提供的服务所需的成本。为了找出一个答案，联合国环境规划署（UNEP）主持了一个叫生态系统与生物多样性经济学（TEEB）的国际项目。2010年，他们最后评估出来的价值是1900亿美元。

这些全球数据能帮我们认识到传粉者在人类经济和粮食安全方面所做出的巨大贡献。不过，更具实用意义的研究还是传粉者在某一具体环境中产生的价值。生态系统与生物多样性经济学项目所做的一项研究就是专门计算瑞士蜜蜂传粉的经济价值。瑞士是个到处都是整齐果园和商业花卉种植园的国家。这项研究最后的结论是，每年，瑞士养蜂人的蜂巢确保了这个国家2.13亿美元的农业生产产值。

尽管蜂蜜和蜂蜡是养蜂最直接的产品，但这项针对瑞士的研究发现，二者价值加起来还不及传粉经济价值的四分之一。这项研究也强调指出了一个重大漏洞，即这个国家并没有一个能保证传粉活动持续不断的政策。政府一般丝毫不敢忽视电力网络和交通基础设施的建设，可是对于“绿色基础设施”却毫不在意。

另一项由全球农业巨头先正达（Syngenta）集团和世界资源研究所（WRI）合作实施的研究项目，专门考察了美国密歇根州蜜蜂传粉给蓝莓种植者带来的经济价值，这项研究估计蜜蜂每年的工作价值大概是1.24亿美元。蓝莓是一种超级食物，它富含维生素C、纤维，还含有保护心脏的物质和具备抗癌效果。没有蜜蜂的帮助，这些对健康大有裨益的优点是不可能产生的。

以上所述以及其他一些针对传粉活动重要性的最新研究，已经远远超过了学术范围。这是因为现在有非常令人信服的证据表明，传粉者在全世界范围内都在减少。

单一栽培的担忧

20世纪90年代中期，我驾车从波兰中部一路驶往柏林。在穿越波兰的时候，经常要启动刮雨器甚至要下车擦掉撞死在车窗玻璃上的昆虫。各式各样大大小小长着翅膀的生物撞扁在前挡风玻璃上。可是到了边境时发生了令人难忘的一幕，一旦穿过奥得河进入德国境内，我们就再也不需要擦玻璃了。这是因为，我们进入了另一个完全不同的农业景观带。

波兰是个小农场、小片森林和湿地分散密布的区域。在这里，农业生产很少使用化学药剂，机械化程度也较低。而德国那边的风景很富饶，跟世界上其他集约化耕作的国家一样，德国也经历了野生生物（包括昆虫传粉者）急剧减少的阶段。这当然是人为造成的，是工业化农业为减少跟农业作物不相关的生命形式的常规操作。当这里到处种植的都是靠风力传粉的谷物时，没人会关心传粉者的减少。

可是，几乎没有哪个农业体系离得开动物传粉者，因为几乎没有任何一个农业体系能够只生产谷物。而自然体系或半自然体系就更离不开传粉者了，传粉者不但帮助保持自然体系正常运转，还帮助保持生物多样性。上一章讲过，多样性本身也是有价值的，要想保持多样性，就必须保护好物种之间的相互关系，包括传粉关系。

对于传粉者的减少，目前几乎没有什么措施应对，因为我们对昆虫数量的减少没有数据可查。不过，有几个例外，因为发达国家的蜜蜂数量是有记录的，可以确认，欧洲和北美的蜜蜂蜂群数量就在下降，而且野蜂蜂群的数量减少也有记录。

欧洲很多蝴蝶都处于严重危险状态。根据欧洲蝴蝶保护协会的数据，大约三分之一的欧洲蝴蝶品种在减少，其中10%面临灭绝的危险。蝴蝶的减少，主要原因是农业开发导致鲜花盛开的草地和湿地的减少，而气候变化又令这一过程雪上加霜。

在哺乳动物和鸟类传粉者当中，45种蝙蝠、36种哺乳动物（不会飞翔靠吸食花粉为生）、26种蜂鸟和7种太阳鸟都被列上了濒危名单。它们要么是有灭绝的危险，要么是已经灭绝了。这个名单还在不断增加中。

在欧洲和北美的很多地方，大黄蜂的减少尤为明显。减少的原因各不一样，但根源不外乎是栖息地的减少和疾病的出现。比如，茂密的牧场和干草甸等开阔的草场被耕地或集约化的饲料场代替了，这些变化给黄蜂们敲响了丧钟；比如原先很多花园、菜园现在都被铺上了木板或者草坪，根本就没有了供蜜蜂们觅食的花朵。在美国的很多地方，寄生植物成了主要灾害。

在英国，有明确的数据记载，过去70年里有2种大黄蜂已经灭绝了，剩下的24种中也有6种濒临灭绝。

在传粉者各种不同命运的具体细节中，有一个事实能把它们数量减少的趋势统一起来——向大规模单一农业的转变。这也是第一章中提到的导致土壤破坏的农业生产方式。在第二章中，我们说到这种方式会导致环境中营养的慢慢积累以致过剩，第三章中也提到这是动植物大规模灭绝的原因之一。现在，在第四章里，又一个生态系统受到威胁。

就像我在波兰驾车看到的那样，如果农业还是以家庭经营的小块田地为单位，传粉者还能够在其他小块的自然栖息地里生存下来，比如小树林、非人工管理的草地、灌木丛和小块的湿地等。可一旦大规模的工业化农场用单一的大片田地代替了这些自然碎片，传粉者们就会灭绝，或者至少没有机会接触到需要它们的作物了。这就是欧洲蜜蜂变得抢手的原因。

不仅仅是加利福尼亚中央山谷杏树园里的蜜蜂才扮演着经济上生死攸关的角色，在全世界任何一个地方，传粉昆虫都是田地里最重要的劳动者。对某些农作物来说，它们跟现在的机械设备甚至跟农民们本身一样不可或缺。采蜜的蜜蜂们挤在某个狭窄的树洞里，井井有条地建起了一个自己的家园，并被卡车装运着在乡村田野里到处拜访各种庄稼。这就是在全世界2万多种不同的蜜蜂中，我们却越来越只依赖其中的一小部分的原因。

这一小部分蜜蜂现在主宰着全球的传粉业，其经济价值已经不再是秘密了。实际上，它们已经被积极甚至是残忍地纳入工业化体系当中。罗宾·迪恩描述了这一过程："美国大量的蜜蜂是从澳大利亚运过来的，你可以买到一盒盒的蜜蜂，每盒1.5~2千克，1千克蜜蜂大概有1万只，它们被装进带有糖浆喂食器的盒子里，保证能够熬过空运到加利福尼亚的旅途。然后它们会跟蜂王一起装进蜂巢里，马上就可以开始工作了。"

说到蜜蜂，就不能不提到一个证明依赖单一物种（也就是基本上只有单一传粉者）会是多么脆弱的案例，即所谓的蜂群崩溃症。这种症状的表现是蜜蜂蜂群在几星期之内大量失去成年蜂，直到最后不复存在。

荷兰合作银行主营业务之一就是农业贷款。2011年，他们发现美国蜂群冬季消亡率从历史平均的10%上升到超过30%。而在欧洲大部分地区，蜂群消亡率也上升到了20%。同样的情况也出现在了拉丁美洲和亚洲。可原因是什么呢?

人们研究了多种可能的原因。从手机数量的剧增（不大可能）到各种杀虫剂的使用（这个靠谱）都有。现在，人们能从蜂蜡中找出175种不同的农业化学物质。这些化学物质本来是用来杀死昆虫的，结果却把蜜蜂给杀死了。因此，蜂业协会一再紧急呼吁重新评估农业化学物（包括新烟碱类杀虫剂）的使用安全标准。在我们对自然界的行为引发的所有意外后果中，杀虫剂杀死传粉者这一条是最具讽刺性的。化学药剂的使用是为了保护农作物，提高它们的生存能力的，结果却适得其反。

除了化学药剂的原因之外，蜂群崩溃还跟单一农作物栽培有关，后者会导致蜜蜂缺乏食物而饿死。罗宾·迪恩认为："食物是个大问题……很显然它们在挨饿。跟其他动物一样，当你进入吃不饱的状态之后，就会出现疲劳以及其他各种问题，比如生病。”

迪恩跟我解释说蜜蜂可不只是吃蜜，花粉也是它们非常重要的食物，“花蜜由果糖和蔗糖组成，非常简单。而花粉则完全不一样。不同种类的植物产生的花粉含有不同的复合物和微量元素，而这将会影响蜜蜂的行为。不同的花粉所含蛋白质不同，有的高有的低，得混着吃。可是在单一作物栽培农田里，这就成了个大问题。可能它们在一大片油菜花地里采集了花粉，但只有这么一种。这种花粉里只有11%的蛋白质，而其他花粉的蛋白质含量可能高达37%。在单一作物中，营养要么富余，要么没有，饱就撑死，饿就饿死。”他认为这反过来会影响蜂群的健康，“庄稼开花的时候，工蜂们会指示蜂王产更多的卵制造更多工蜂。卵产下来之后，蜂卵孵化成长需要21天，21天之后，花季却结束了，刚出生的工蜂们没吃的了。油菜花的花期只有蜂王产卵孵化期的一半左右。这些就会导致危机，引发疾病。”

不管是什么原因导致了蜂群崩溃症，人们已经认识到这是个事关粮食安全的战略性问题。荷兰合作银行的研究人员指出一个现象，依赖动物传粉的庄稼产量越来越高了（自从20世纪60年代以来），可是在里面忙乎的蜜蜂却越来越少了。所以，值得警惕的是：“农民们竭力想用相对较少的蜂群维持这一产量，目前虽然还没有什么证据表明产量会受影响，可问题是这种紧张的状况不知道哪一天就会崩溃。”

这真是个好问题，而且是个没有明确答案的问题。考虑到粮食安全对全体人类的重要性，我们必须在这个问题上慎之又慎。全世界各地蜜蜂及其他传粉动物数量减少的快慢，跟危机出现时刻的远近密切相关。那些传粉者已经消失的地方就是一个例子。

蜂庄大道

把蜂巢在乡下搬来搬去是确保传粉的方法之一，还有一个方法是促进野生传粉动物数量的增长。世界上有很多地方都在进行着恢复传粉者数量的工作。英国有一个连锁超市和环保组织拯救昆虫的合作项目，其目标是在农业地带建立起一条“蜂庄大道”。正如其名，这个走廊就是蜜蜂们的优质栖息地。这一方法的关键在于重新建立能够提供蜜蜂食物的地方，要有大量的鲜花，包括矢车菊、轮峰菊和红花苜蓿草等，鲜花会引来并且养活蜜蜂、食蚜蝇、蝴蝶和蛾子等昆虫。这个方法到底能不能成功，现在判断还为时尚早，但只要有足够多的优质鲜花草地被开辟出来，应该是可以判断的。蜂庄大道的旗舰项目是在英格兰最大的郡——约克郡，建立两条狭长、贯穿全郡的野生花卉带，一条从东往西，一条从南到北。

这种合作并非绝无仅有：英国最大的零售商玛莎百货以及几个著名消费品牌也都投资了蜜蜂保护项目，很多个人也都行动了起来。越来越多的业余人士，包括都市人群也都开始把养蜂当作一种爱好。菜园也为蜜蜂提供了重要的花蜜来源，同时蜜蜂也为菜园种植的蔬菜、水果和树木传粉。

政府方面也在努力恢复野生传粉动物的数量。密歇根湖沿岸是蓝莓的重要生产基地。在认识到野生传粉者能给农民们带来高达几百万的美元收入之后，美国农业部农场服务处于2007年启动了一个计划，即让种植者们可以选择把自己的部分土地建成传粉昆虫的栖息地，选择了的可以得到一些经济奖励作为回报。在这一目标地区的22个县里，农民们可以通过创建鲜花草地和荒地而申请补助。蜜蜂、蝴蝶和蛾子都是这一计划中要帮助的昆虫。

在恢复大自然服务的案例中，我们可以看到，没有一个可以放之四海而皆准的单一解决方案。相比于把某些土地空出来专门留作恢复鲜花的区域，在某些农业地带，也许有更经济的措施。罗宾·迪恩说，有的地方需要更加整体化的解决方案，想办法把野生动植物以更融洽的方式重新整合到农业景观中去。“我们需要的是更多野生动植物的服务，而不仅仅是蜜蜂的，”他说，“比如，生物多样化的牧场不仅能提供更好的牛奶，反过来对传粉者也很好。我们得摘掉有色眼镜，看待事物不能太孤立了。我们需要更加综合的方法来教育农民看到自然界多样性的优势，而不是妨碍。”

作为超越单一栽培看农业的转变之一，也为了进一步深刻理解农业跟自然到底该怎么相处，迪恩认为加强对“传粉者是如何为我们服务的”的了解大有裨益。为了说明这一点，他描述了自己跟一个葡萄牙种植客户打交道的一次经历，“这位葡萄牙种植客户当时进口了一批蜜蜂去给自己的作物传粉，但并没有实现增产效果。可他没有料到的是，隔壁还有一个桉树种植园。因为梨花蜂蜜不多，所以蜜蜂们越过了他的梨树，直接去了桉树园那边，给自己的两腮灌满了高糖作物的蜂蜜。”

迪恩发现了这一点之后提了个建议：“我们建议他把地表的土壤都清出来，露出一些光秃秃的地皮，地蜂就喜欢这样。等到地蜂被吸引来之后，梨树产量增长12%，所以要搞清楚问题到底出在哪里。人们只知道蜜蜂会帮助作物传粉，却不知道到底哪种蜜蜂给哪种庄稼传粉。”

所有的这些措施都有一定道理，不论是重建合适的栖息地，还是发展更加整合型的农业，让野生动植物成为土地的一部分，又或者是从单一作物农业和驯养的蜜蜂转变为重新吸引大量野生传粉者落户，都能保护生态系统及其内部成员之间的关系，还可以减少人们对少数几种传粉动物的过度依赖。

迪恩估计，在英国这个以集约化农业经营为主的国家，现有的蜂巢数量仅够完成所有传粉工作量的10%。“即便是从最乐观的方面来讲，即把那些蜂巢搬来搬去，它们也只能完成30%的工作量，其余70%要靠人工饲养的蜜蜂以外的昆虫来承担，其中就包括独居蜂、地蜂和大黄蜂。”

除了保护和恢复维持这些传粉动物需要的栖息地外，有时还需要采取一些更加猛烈的行动来扭转它们的命运。有一种大黄蜂在英国已经绝迹了，可是在新西兰还有，即本章开头提到的当年被运到澳大利亚的那种。这种短毛大黄蜂曾经遍布英格兰南部，人们最后一次发现它的蜂巢是在英格兰南部的邓杰内斯半岛，那都是1988年的事了。2000年的时候，它被证实在英国绝迹，大黄蜂的灭亡正是因为栖息地被破坏以及农业化学物的使用。

不过这次，我们还能扭转这一事件。这片栖息地经过一段时间的恢复之后，英国人从其他国家进口了短毛大黄蜂，并在2012年初夏将它们放到野外。

阿尔伯特·爱因斯坦有句名言——要是蜜蜂从这个星球上消失了，人类就只有4年的活头了。虽然哪怕是最悲观的生态学家也很难认同这句令人深思的话，但是这位大天才却比其他任何人都更清楚地认识到了传粉者在支持人类经济方面不可动摇的重要基础地位。

幸好，只要我们愿意努力，还是能够保持全世界传粉动物数量的稳定。有很多简单实用的策略可以采用，哪怕是建个小花园，也是一种努力。只要一想到传粉动物的工作可以给我们带来数亿美元的收入，而且不仅是粮食产量的增加，还有对为我们提供了大量免费服务的自然体系的支持，包括淡水的供应（在后面的章节里还会看到），我们每个人都应该有足够的动力行动起来了！

尽管蜜蜂和传粉一直是最近几年媒体的头条新闻，可在其他方面，人们却还完全没有意识到我们的福利是多么依赖于生态的支撑，包括对害虫和疾病的控制。

恒河边上秃鹰和狗一起在进食

Chapter 5 | 地面控制[1]

340 亿美元—— 在印度，因为秃鹰减少造成损失的金额

310 美元 —— 咖啡种植园里，每年每公顷土地上鸟儿在害虫控制方面做出贡献的价值

1500 美元 —— 每年每公顷木材林里，鸟儿在害虫控制方面的价值

1993年4月，一个清爽明媚的早上，我登上英国航空公司的客机前往印度新德里。飞机下降到1000米时，我看到了秃鹰就在飞机前面翱翔，宽阔的翅膀，飞行羽翼舒展开来，像一排长长的手指。它们居高临下，锐利的目光到处扫描地上动物的尸体，那是它们的盛宴。

就在距我仅几百米之外，秃鹰与飞机擦身而过。那一瞬间，我脑子里闪过一个念头——它们不会被卷进飞机的引擎里面吧？这种事情不是没发生过。除了安全方面的担忧外，我还很诧异于它们的数量如此之多——那时我对它们面临的困境毫不知情。1年前，印度秃鹰的数量开始下降——而且速度快得惊人。

1 航空术语，指的是空中安全得仰仗大量的地面工作来保障。这里指空中飞行的动物安全也有赖于地面环保工作。——译者注

这些不同种类的秃鹰都是印度本土动物，近年来，无一例外都在以前所未有的速度消失。1993年，全印度估计有4000万只秃鹰，可到了2007年，长喙秃鹰数量减少了97%，而东方白背秃鹰更惨，同一时期数量下降了99.9%。换句话说，其实就是已经灭绝了。

秃鹰的大量消失，竟然是因为一种新型消炎药的意外副作用。这种叫作双氯芬酸的药物原本是用来治疗人类的，后来也用于治疗牲畜，由于它对病畜有药到病除的效果，很快就在全印度流行开来。可要是吃了双氯芬酸的动物几天后就死了，体内就会有药物残留。而秃鹰靠食用动物死尸为生，当它们吃了这些病死的牛、水牛等其他动物尸体之后，药物就进入了秃鹰体内，导致中毒而死。

更糟糕的是，几十只甚至几百只秃鹰有时会吃同一具动物死尸，所以一具残留有双氯芬酸的动物死尸可能毒死很多只秃鹰。结果，印度的三大秃鹰品种都上了濒危名单。东方白背秃鹰已经从世界上数量最多的大型猛禽成了最濒危的动物，在我写这本书的时候，它们的数量估计最多不会超过1万只。

乍一看，秃鹰的减少似乎只是鸟类保护组织的事情，可很快人们发现，还有很多其他人也参与了进去。阿尼尔·马康德雅带领一个研究团队想要搞清楚到底有哪些人在这件事情上受到了多大的影响。他的团队利用访问、实地考察和收集各种官方信息的方法，评估这些秃鹰的消失会给印度经济造成多大的损失。

部分损失是由一些穷人承担的，他们靠处理死牛尸体制成原材料为生。一头牛死后，皮被剥下来给皮革厂。被剥皮后的死牛就更方便于秃鹰清理剩下来的肉了，很快就只剩一副光秃秃的骨架。骨头又被收集起来卖到肥料厂作原材料。这份工作虽然不是什么好差事，但至少给穷人们带来一些经济收入。

在大太阳底下，腐烂的大型动物尸体对公共健康来说简直是灾难，要是没有秃鹰清理，就只能埋掉或者烧掉。这样一来，秃鹰的消失就直接导致这些穷人失去生计，也给社区带来了新的成本，因为人们要把这些尸体处理掉。即使让尸体留在外面，剩下的骨头通常质量也很差，因为其他食腐动物，比如野狗之类，绝对没有秃鹰清理得干净。

秃鹰的减少还引起了一些信徒们的担心，他们认为水、火、气、土是最基本的元素，不能被污染，所以千百年来，他们都把尸体放到一个偏僻山顶。秃鹰就在这些地方盘旋，很快就把尸体清理得只剩下骨头了。随着秃鹰的减少，信徒们只能寻求其他方式来处理死者的尸体，包括利用太阳能集中器产生高温，把尸体变成骨头，那可得耗时3天，而且一个这样的设备价格高达4000美元。

而与对公共健康造成的后果相比，穷人失去可以出售的原材料以及信徒们必须改变尸体处理方法的损失根本不算什么。腐败的尸体上滋生出大量细菌，包括致命的细菌，比如炭疽。秃鹰的减少还为其他食腐动物（比如说老鼠和野狗）数量的壮大提供了空间。

研究人员对照这一时期野狗的数量变化后发现，秃鹰数量的减少跟野狗数量的增加是同时发生的。克里斯·鲍登参与过一个叫作“拯救亚洲秃鹰免于灭绝”联盟的协调工作，他给我讲解了：“20世纪90年代，印度有大约4000万只秃鹰，每年要吃掉1200万吨肉，大部分是死牛，也有一些水牛。”

1200万吨的肉可以养活400万~700万条狗。在1992—2003年，野狗的数量增加了大约700万，和前面提到的数量基本吻合。就算这一估算出来的数据不能证明秃鹰数量减少和野狗数量增加之间的关系，印度官方提供的1982—1987年（那时秃鹰数量还很多）的数据也证明了这两者之间是有直接联系的。

这些野狗身上往往带有很多病菌，最常见的就是布鲁氏菌病犬瘟，另外还有狂犬病，这两种病菌是可以传染给人的。印度狂犬病的感染率比世界上其他任何地方都要高，而狗咬人是其主要传染途径，95%的病例都是因为被狗咬而染病的。

研究人员发现，有证据表明，秃鹰减少之后狂犬病的发病率开始急剧上升，而且感染病例严重偏向贫穷的那部分人群。在印度，狂犬病原来已被狂犬病疫苗基本控制住，但秃鹰减少以后，野狗数量增加，受感染的病人数量也随之大增——被狗咬的。

马康德雅和他的研究团队试图将这一切数据化。他们估算在1992—2006年，因为野狗数目的增加，狗咬人事件增加了近4000万起。据估计，相比秃鹰数量没下降时，死于狂犬病的人数增加了47395～48886人。这真是个惊人的结论：估计有将近5万人因为秃鹰的减少而死亡。更惊人的是，这件事对印度经济造成的影响。据估算，1993—2006年，秃鹰的减少造成了这个国家340亿美元的经济损失。

这些数据并非无懈可击，一方面，马康德雅和他的团队其工作过于依赖公共数据，有些是不够全面的。他们的结论大多基于数据分析，所以大家尽可以质疑我在这里引用的研究数据；可另外一方面，这些研究人员的估算应该是尽量保守的，所以真正的损失恐怕比这些引用的数据更高，因为双氯芬酸的使用造成秃鹰大量死亡而带来的经济损失，远远大于这种药物对农业的贡献。

就算真正的损失是上面提到的340亿美元的几分之一——就算只有30亿美元——在我看来，接受研究人员的建议从经济上来讲是非常理性的。他们的建议是，禁止使用能杀死秃鹰的双氯芬酸，展开大规模的人工饲养项目，以期尽快把它们的数量恢复到之前的水平。现在已经有了新的消炎药，而整个人工饲养秃鹰的项目成本20年也才1亿美元不到。

双氯芬酸的禁用令已经初见成效。克里斯·鲍登说：“印度政府发布了禁令，制造和销售含双氯芬酸的兽药都是要坐牢的。可还是有公司用双氯芬酸制造人用药剂，然后把它们装在兽药的瓶子里出售。但总的说来，使用量大幅度降低了。但只要这种药还在使用，就会对秃鹰数量的恢复不利。”

人们有时候把挨家挨户收垃圾的车也叫作“秃鹰”，这还真有一定的道理。它们的共同之处是在夏天都臭烘烘的，而且就跟秃鹰一样，垃圾车要是不出现，立刻就能让人感觉到什么地方不对了。当然，有一点大不相同，那就是，那些秃鹰的工作是不收费的。

稀释的疾病

看来，野生动物在疾病控制方面起到了微妙的作用。在这一点上，正如“生物圈2号”所证明的一样，多样性本身具有价值。而它起作用的方式之一，就是一种叫作“稀释”（Dilution）的过程。

人类受到很多病原体的困扰，其中有些是跟动物更为密切的，比如埃博拉病毒、禽流感、黑死病、炭疽、莱姆病和西尼罗病毒等。这些可以通过人感染传播，也可以通过其他动物传播。

有些疾病能同时感染人和哺乳动物，还有一些则感染鸟类。除了直接传播之外，很多动物与人之间的感染是通过传染疾病的媒介（比如说蚊子）来传播的。简单来说，媒介生物，也就是蚊子之类，能叮咬的目标很多，而且有些目标对媒介生物所携带的致病微生物来说又不是很理想的宿主时，这种疾病很可能在到达人类宿主之前就遭到稀释而受到阻碍了。

莱姆病病毒就是一个例子。关于这种经由蜱虫传播疾病的研究发现，只要有较多种类的小型哺乳动物在，病毒传播到人的可能性就会减少。老鼠、鹿、狐狸以及其他跟蜱虫生活在同一种树林生态系统中的生物，似乎“吸收”了很多传播的潜力，也就意味着病毒跟人类接触的机会少多了。有些动物有天然的免疫力，所以不会像人类一样生病，而且蜱虫咬了它们后就不会再来咬人了。

同样的道理也帮助我们减少了西尼罗病毒的传染。1937年，这种病毒首先在尼罗河西岸的乌干达被发现。它第一次出现在北美是在1999年，在2002年和2003年，它成了美国的重大疾病之一。西尼罗病毒是由蚊子传播的（包括叮鸟的蚊子），会给人类造成很大麻烦，最严重的会导致脑膜炎。这种疾病在美国的感染途径看似是随机的。约翰·斯瓦德勒和斯塔夫罗斯·卡洛斯实施了一项详尽的研究，想弄清楚某一特定地区的野生鸟类多样性跟人类疾病感染之间是否有联系。

这项研究通过比较美国多个相邻两县鸟类多样性得出结论。相邻的两县，一个报告有西尼罗病毒，另一个报告没有。研究人员努力找出了气候原因、蚊子品种原因，以及某一特定区域富裕程度以及相邻两县城市化程度的差异。在排除了所有这些变量之后，终于发现鸟类品种的数量跟人类受感染程度间的关系。

在鸟类品种较多的地方，人类感染率就较低。鸟类品种多，蚊子传播的病毒就有更多的机会找到宿主，因而依赖人类来完成生命循环的概率就随之降低。

研究人员最后得出的结论是，不同区域鸟类多样性的水平可以解释50%的人类感染差异。这的确是个惊人的发现，尤其是考虑到公共健康部门在控制西尼罗病毒疾病方面得耗费大量金钱，以及疾病给人们带来了太多痛苦之后。在美国发现西尼罗病毒之后的10年间，1100多人因为感染这种病毒而丧命。仅2002年，与控制西尼罗病毒相关的防疫费用支出估计就达到了2亿美元。

这条信息意义非常明确：生物多样性提供的缓冲，有时能限制疾病的传播。这项服务的价值是难以估量的。

山雀与苹果

即便是最投入的观鸟者也很难想到鸟类其实在经济中扮演着不可或缺的角色，事实不容否认。除了传粉、处理垃圾和控制疾病外，作为害虫的天敌，这些美丽的鸟儿承担的工作在经济上也有着举足轻重的作用。

多年来，我们一直试图在剑桥家中后花园里的老苹果树上筑巢招引山雀，虽然我们特意建好的鸟巢作废了，但却真有一对山雀最终在鸟巢旁边的树洞里定居下来了。而人工建造的鸟巢则被一只大斑啄木鸟给占了，等到小雏鸟孵出来了之后，成鸟就开始马不停蹄地为子女们准备足够的食物。

我们坐在花园里，看着鸟爸鸟妈忙前忙后，每分钟，它们中的一个都会带着食物出现在洞口。拿起望远镜仔细一看，就可以确定它们带回来的绝大多数都是毛虫。等到一家人终于能够倾巢而出围着鸟巢盘旋的时候，我们一共数到有7只小山雀。

基于这个观察，我们做了一个简单的算术，得出了一串惊人的数字：以剑桥的纬度，当时（5月）每天的日照时长大约17个小时。虽然我们不是时时刻刻在观察，可是不管什么时候去看，鸟爸鸟妈都在急切地为日渐长大的子女们喂食。假设成鸟白天只有一半时间工作，那也有8个小时——每天480分钟。它们喂食的速度是约每分钟1只，那就意味着每天有近500只幼虫被送到鸟巢。雏鸟在窝里待了大概20天，所以，我们可以很肯定有1万只毛虫（或者其他昆虫）被鸟儿们吃掉了。而小山雀会飞之后，鸟爸鸟妈还要喂养它们一阵子，所以还有更多的毛虫被消耗掉了。当然，还别忘了成鸟自己也是要吃的。

这些漂亮的、杂技演员般灵巧的黄黑绿相间的小鸟，用它们尖锐的长喙和锐利的眼神，在我家及周围花园里的果树上进行着一项非常重要的工作。它们在周围的树上，包括水果上，找到了绝大部分食物。如果果树上藏满了昆虫的幼虫，而又不采取任何措施，那么到立秋的时候，很多水果就会遭殃了。

我不知道到底有多少果树受惠，因此也就无法了解这些鸟儿做出了多大贡献。幸好几位荷兰科学家努力找到了答案。克里斯特尔·摩勒斯和马塞尔·维瑟检测了一家有大山雀筑巢的果园苹果受损程度，再跟其他没有山雀的果园相比较。为了增加研究区域内大山雀的数量，他们挂起了很多盒子给鸟儿们做巢。与我的花园里的盒子不同的是，这些盒子很快就被住满了。

跟我那孤立的花园得到的观察结果大为不同的是，这些研究者们收集到了大量数据，像法医一样仔细检查毛虫的分布密度。秋天的时候，他们又仔细检查了不同试验地区的苹果质量，以此来衡量到底有多少果实被昆虫幼虫给破坏了。在春天，人们很容易看出毛虫对果实的破坏，因为苹果表面会有疤痕。结果令人大吃一惊，在鸟巢被山雀占领的果园里，被毛虫破坏的苹果数量要少一半，山雀最多的区域也就是收获优质苹果最多的地方。

研究者们最后下结论说，通过筑巢吸引大山雀进驻果园来减少毛虫破坏是成本极低的好办法。平均每公顷果园每年可以增产1吨完好的优质苹果。而且，杀虫剂的使用量也减少了，这不仅对果园种植者有好处（成本降低了），对其他野生动物也大有裨益（不会被毒死了）。

受惠于鸟类的不仅仅是水果和蔬菜，我们所喜爱的一款饮料也得归功于鸟儿的帮助。牙买加蓝山高地的一项研究向我们揭示了这一点。加利福尼亚州阿克塔地区洪堡大学的马修·约翰逊和他的两位同事一起研究了鸟类在降低咖啡种植园病虫害方面的功劳。

咖啡树一度都被种在某些大树下面，最近才开始种植到阳光底下以提高产量。虽然阳光能帮助提高产量，但能为鸟儿提供巢穴的树林却没了。鸟儿要吃食，食物包括会破坏咖啡作物的昆虫。这样，鸟儿的数量就和一种叫作咖啡果蛀虫的昆虫数量有直接关系。这种蛀虫是对咖啡破坏性最大的虫子。研究评估了鸟类对咖啡产量的影响（通过用网排除它们进入某一片咖啡园进行对比实验），结果发现，有鸟类的咖啡种植地每公顷产值增加了310美元。

联合利华公司在肯尼亚和坦桑尼亚的高原上拥有大片的茶园，这些茶园有一个共同特点就是不使用任何杀虫剂。之所以能做到这一点，是因为这片种植园自20世纪20年代创建以来，这一带的天然森林和其他栖息地得到了很好的保护，森林保证大气湿润，还为烘干茶叶提供木柴。

理查德·费尔伯恩是联合利华公司的员工。他在东非待了很多年，对那里的茶叶生意如数家珍。他说保护那些树有着极其实际的理由：可以保护土壤，可以阻止肥料流入河里。就凭这两点，保护森林就是非常妙的一招。树林还可以保证河水在旱季不断流，成为野生动物自由迁徙的一道走廊，其中包括各种鸟类。反过来，这些鸟儿们又保证了这里几乎不怎么出现害虫横行的灾害。

“2001年，我刚到肯尼亚茶园的时候，”费尔伯恩告诉我说，“有个种植者年迈的妻子认为那里至少有100种鸟。我不知道她说的对不对，就请肯尼亚国家博物馆的人来做了个调查。结果他们发现了174种鸟类，还说要是再给些时间，这个数字可能会超过220。”

考虑到很多害虫都慢慢进化出了抗药性，这些发现真是不容忽视。鸟儿和其他捕猎者可以和猎物昆虫一起进化，人类的化学药物难以跟上昆虫进化的步伐，鸟儿不仅能而且也做到了。这当然不仅仅是茶叶生产的经验。

摩勒斯和维瑟思考了他们在荷兰的观察发现，认为鸟类在害虫控制方面的重要作用通常都被忽视了，但他们没有给出个中缘由。在我们这个迷信技术的社会里，在说到消除害虫的时候，是不是首先会想到背着喷雾器的人，而不是让鸟类去完成它们天生的职责呢？我们是不是对一些明显的答案视而不见了呢？或是制造杀虫剂比造几个鸟巢挣钱多？又还是我们的经济账完全算错了，只热衷于把化学物质的经济价值加进去，却完全忽视了鸟儿的服务价值？估计以上的原因都有吧。

不管什么原因，我们调查的越多，就越能发现各种各样的动物在害虫和疾病控制方面能为人类提供无数服务，其中的经济价值难以估算，而且这种经济价值不仅仅体现在粮食生产方面。

青蛙、猫头鹰和草蜻蛉

木材非常重要，不仅能用来造纸、盖房子，还和粮食一样，也可能受到害虫的大规模影响。比如，有一种西部云杉蚜虫给树林带来了大面积的破坏。这是一种飞蛾寄生虫，在北美广大地区的各类松树林中很常见。条件适宜的时候，它们的数量会灾难性地暴增，最终只能眼睁睁看着它们破坏掉大片的松林。

幸运的是，很多鸣禽都爱吃蚜虫。尤其是一种叫作黄昏雀的大嘴鸟，它们惊人的下颌是专为敲开种子而生的。在夏季，它们需要捕捉蚜虫喂养子女，也很擅长这个，就像苹果园里的山雀一样。

约翰·竹川和爱德华·加顿两位科学家试图找出鸟类对病虫害控制的实际影响，并把结果转换为经济数据。他们深入森林，收集鸟儿吃什么、什么时候吃的信息。在一片11公顷的树林里，一群黄昏雀1个月就能吃掉900万只蚜虫，而且都是趁这些害虫最虚弱的时候将其干掉了。

如果把这一区域内其他鸟儿吃掉的蚜虫也算进去，这个数字可能是1300万。据研究人员介绍，鸟儿减少了杀虫剂的使用，保护了森林四分之一的经济价值。鸟儿控制森林病虫害的经济价值每年每公顷约1500美元——这还是按1984年的美元价值估算的。毫不意外，这些以及其他研究表明，用更多的鸟儿来保护森林比用杀虫剂更划算。

2012年初，我在孟加拉国乡下旅行，在辽阔的雅鲁藏布江冲积平原和恒河三角洲上，见到有数以千万计的农民，其中大部分都只在一小块地里侍弄着各种庄稼，包括土豆、扁豆、洋葱、大蒜、茄子、棉花、烟草、黄麻、小麦、各种水果，最重要的就是稻米。这些农民正是生产了全球一大半粮食的小农大军中的成员。常有人建议，为了让这些农民生产出更多粮食，应该使用更多的化学杀虫剂和肥料。

在杰索尔北部加尼达一带，我跟几个尝试过各种方式杀虫保护庄稼的农民聊了聊。过去几年，他们经常把一根树枝插到稻田或者菜园里。这些树枝一般有一两米高，可以为吃虫的鸟儿提供休息之处，吸引它们来觅食，食物就是庄稼地里的害虫。我看到站在那些枝头的燕子、百舌鸟、食蜂鸟和夜莺都是食虫鸟，它们的出现似乎达到了预想的效果。

一个暖洋洋的下午，我跟一群农民坐在树荫下。一位翻译帮我用孟加拉语问他们有没有看到这样吸引鸟儿来的好处，一位年轻人站起来说，他觉得害虫减少了，因而用的化学杀虫剂也就少了。我问那些农民是不是同意这位年轻人的说法，大多数20多岁的农民嗡嗡了一阵表示同意。

农民们的特点就是相互模仿，我看到那里的农田基本上都插上了树枝，这就说明了一切。在如此集约化耕作的农田里还能看到那么多的鸟儿真是令人高兴，同样令人高兴的还有这里吸引鸟儿的方法如此简单。不过，里面没有秃鹰——跟印度一样，这里也没剩多少了，可是那里的狗倒是挺多的。

在害虫的生物控制中做出重大贡献的不只是这些长羽毛的朋友，很多两栖动物（比如青蛙和蟾蜍）、哺乳动物（比如蝙蝠），以及昆虫（包括瓢虫、草蛉和食蚜蝇等）也在害虫控制方面起到了重要作用。它们提供的服务不仅比化学杀虫剂便宜很多，而且还是食物链及其他关系的一部分，而这一切又都支持着大自然的其他服务。

我们的科学知识一直在不断丰富，这些生态学的基本知识已是老生常谈，它们启发了很多提高害虫生物控制能力的方法。可是，这个问题更多的其实是个意识问题。上一章中我们提到的传粉专家罗宾·迪恩跟我说起了梨木虱的案例。“这是一种已经对几乎所有化学杀虫剂产生了抗体的害虫，它们有点类似于蚜虫，在初春的时候会造成很大的破坏。它们深入到梨树新生的根系或者叶子里，最终导致梨树死亡。不过，有一种花金龟子专门吃这虫子，这种金龟子喜欢躲在荨麻里过冬。如果你的梨树边上种有荨麻，就可以轻松实现对梨木虱的生物控制。”

当然，这些知识得有人去用才行。迪恩说，问题在于沟通不畅。“有一群是搞研究的懂这个的人，另一群却是毫不知情的农民，这两群人之间很少对话。想要把知识更好地跟技术结合起来，需要采取更为综合复杂的方法。要停止每年一到某个时段就开始喷某些杀虫剂，最好针对不同的害虫采取相对应的有效策略。”

就像我们在荷兰果园里看到的大山雀一样，这不仅是一个使用化学药物或者如何驾驭自然的问题，而且是要怎么最大化利用二者优势的问题，理想的状态就是尽量减少一种方法的使用（化学药物），充分利用另外一种的作用（大自然）。

这一问题的经济意义越来越明显。迪恩说在美国某些地方，用化学杀虫剂保护庄稼的成本已经超过了庄稼本身。“个中原因纷繁复杂，但结果就是我们在这方面上投入更多的钱，却连最直接的经济回报都无法保证。现在的确该坐下来好好从一个更整体、更综合的层面来想办法了。”

还有一个事实让我们不得不这么做，那就是数以百计的破坏庄稼的害虫已经对各种化学药物产生了抗药性，它们已经进化出了针对这些化学药物的抗体，而且就算我们开发出新的产品，它们也一样能再进化出新抗体来。尽管在1961—1999年，杀虫剂使用量增长了八倍，害虫们却大多已经找到了生物上的对抗措施。鸟类、青蛙和其他控制害虫的生物也跟着它们的猎物进化了，因此总能赶上它们要吃的虫子。不管怎么说，选择大自然的灭害高手绝对是一个上策，从生态学上如此，从经济学上也是一样。

以上结论在实践中到底意味着什么，依具体地点和害虫而异。给猫头鹰和山雀准备做巢的盒子（二者分别吃老鼠和毛虫）；给青蛙和蟾蜍挖池塘；加厚植被，吸引画眉鸟（对蜗牛来者不拒）做窝；还有多种花以招来各种益虫等都可以产生积极的效果。要是我们家小花园做到这几样，可能就会成为最惊人的花园了。就像越来越多的研究机构证明的一样，这些良好效果还可以进一步提高，并且大规模复制，从而创造出巨大的经济价值。

除了利用自然的灭害高手（比如说山雀和松雀）外，还有好多其他保护作物的生态方式。几千年来在跟害虫作斗争的过程中，农民还曾经用过捕猎者、寄生虫和病原体等招数，完全是就地取材，通过培育和释放有机物来解决问题。

小黄蜂就曾经成功地阻止过粉虱蔓延。黄蜂把卵产在粉虱及其幼虫身上，等它们长大就杀死宿主（害虫）。红蜘蛛的横行可以通过放养另一种长得很快的螨虫来遏制。最近新出来的一种蛞蝓控制法是利用细微的线虫幼虫，这种寄生生物找到蛞蝓之后，会在它们体内繁殖的同时杀死它们。

还有一种综合利用寄生虫和作物管理方式的办法能控制紫苜蓿象鼻虫灾害。20世纪50年代，这种破坏力极大的害虫不小心被带入了美国。美国是大量使用杀虫剂的地方。减少化学化合物的使用不仅节约金钱，还可以避免象鼻虫的天敌遭到杀虫剂的意外杀害，这样就能更好地帮助控制害虫。

可是，使用生物控制的方法除了好处之外，也带来过很多灾难。

身份错位

狐狸曾经被引入澳洲，用来控制由欧洲移民带来的兔子。当时兔子的数量已经完全失控了，它们吃光了稀疏的牧草，那可是产羊毛和产肉的牲畜的口粮，因此给畜牧业造成巨大的经济损失，可是引进的狐狸显然没明白自己的任务是什么，它们非但没有控制好兔子，反而开始吃本地的其他哺乳动物和鸟类。那些可怜的动物本来就受到兔子的巨大威胁，因为兔子吃光了它们的食物。

蔗蟾引入澳洲则更是一场灾难。这种动物本来是中美洲和南美洲的，被运来放进了澳洲新建的甘蔗种植园。人们希望它们能控制泛滥的甘蔗甲虫。它们倒真的吃掉了甲虫，还有其他昆虫，可惜它们表现得太好，结果它们在这片称心如意的天堂数量大增。

后来它们开始霸占澳洲本地两栖动物的地盘，给当地品种的蟾蜍带来了几乎导致灭绝的疾病，当地品种对这种新的病原体毫无抵抗能力。还有更糟糕的，为了保护自己，它们能产生一种有毒的化学物质，一旦遇到危险，它们就会释放这种致命的化学"鸡尾酒"，结果毒死了大量的蛇、蜥蜴、鳄鱼和其他以它们为食的捕猎动物。

最后一个不幸的后果落在了这些蔗蟾自己身上。因为没有天敌来限制它们的数量，环境保护主义者只好把它们碾死，拿大棒子把它们打死，或者用脚把它们踩死。

这些故事给我们的教训很简单：别乱来。除非所有可能的后果都已经被考虑到了，仔细检查了，还要再看一遍有没有更好的选择，否则不要轻举妄动。一种动物在一个地方扮演的角色未必在另一处还能继续，因为那里有着另一套全新的物种关系——拿澳大利亚来说，这里已经独立发展几千万年了，里面的物种关系跟其他地方大不一样。

捕猎者、猎物——还有气候

捕猎者和猎物在吃与被吃的互动过程中，角色甚至超越了全球粮食生产层面。到苏格兰高地分水岭去看一下，就知道这是为什么了。

那里是我最喜欢的休闲地点，可以观鸟，也可以钓鱼。对数百万游客来说，这里气势磅礴的崇山峻岭就是大自然。可实际上它算不上大自然，最多只能称得上半自然，因为虽然这里曾经保存了很多的本地生物品种，可如果没有人类活动的影响，这里不会是现在这个样子。

这里的山头原先长满了成片的松树、橡树和桦树。山头是刺柏属大树，山谷里有野生樱桃。现在还有树林，但规模远不如从前了，没有了成片的森林。6000多年前，苏格兰高地森林覆盖率达50%，但现在大概只有2%了。

大片森林被斧子和大火无情地清理掉了，只为腾出更多的土地来放牧牛羊和种庄稼。现在，绝大部分的土地都用于畜牧业了。这些牲畜一口一口地啃掉了地面上的植物，令森林无法恢复。即便是在没有养羊的地区，森林也长不起来。地表植被从茂密森林到开阔草地和开满石楠花荒野的巨大变化，不仅改变了那里的野生动物，也降低了土壤里含碳有机物的含量（二氧化碳被释放到空气中）。

在这片原始森林的退化过程中，苏格兰人负有主要责任。不过，保持森林的活力还有另一个因素——猞猁、棕熊和狼群，它们也在其中扮演着重要角色。但这些动物一个接一个地灭绝了：最先灭绝的可能是猞猁，大概在公元400年的时候；然后是棕熊，最迟也就是公元1000年的时候；最后轮到狼群，18世纪初也再不见踪影。它们都是人为原因灭绝的。它们消失之后，鹿群数量就失去了大自然的限制。现在，就因为鹿的数量太多了，森林才无法复原。我们必须高度重视这件事情，不仅仅是因为我们要努力减少大气中二氧化碳。

因为有鹿群的存在，人们每年要花大量的钱来建围栏，甚至打猎来控制鹿群数量。这样做，主要是为了保护商业种植园里的林地，以及保护已经少得可怜的一丛丛本地树林。在控制鹿的数量时，虽然很少考虑气候的稳定性，可是碳含量的重大变化其实和食肉动物的消失有直接关系，因为它们原先就是这些食草动物的猎捕者。

众所周知，北极熊已经成为气候变化受害者的标志，可棕熊是不是也应该成为环保解决方案的吉祥物呢？

下毒、喷药和毒素之外的手段

随着现代生态意识的加强，大家很容易看出过去有些除害方法是错误的。可是，我们今天的思维方式真的完全改变了吗？事实是，我们现在并没有寻找更好的跟大自然合作的机会，而是继续实施化学物质加水泥的攻击，基本还是在追求控制和征服大自然。鉴于我们现在已经了解到大自然及其各个系统在处理垃圾、控制疾病和灭害等方面的价值，真的要问一句：为什么保护这些无价之宝会那么难？

通常，困难就在于一个决定到底让谁受益、谁遭殃。这些决定往往是由一些权力大、影响大的人作出的。拿印度秃鹰的例子来说，最直接的受害者是穷人，而那些生意照做、继续卖双氯芬酸的人是主要受益者。提出恢复秃鹰数量的主要是英国皇家鸟类保护协会，这一组织每年耗费40万英镑来维持哺育秃鹰的计划，而最初开发制造双氯芬酸的公司却明确表示对这种工作没有兴趣。

清理垃圾、控制害虫和保护公共健康都是跟相关部门或者私人公司的业务，但我们都是纳过税或者付过账单才得到这些服务。要是大自然停止目前所做的工作，那我们要支出的税金和账单就要大涨了。然而，在大自然的帮助下，我们只需支付一小笔费用就可以安然享受的公共服务可远不止这些。

哥伦比亚高山上的艾斯皮腊霞灌木丛

Chapter 6 液体财富

50.5 万立方千米 —— 每年雨水、雪花和雾气降下的淡水总量

70 亿美元 —— 纽约市投资大自然改造供水系统所获的回报

0.03% —— 世界上全部淡水与咸水的比例

波哥大城散布于哥伦比亚安第斯山东部高高的山谷两侧，这里生活着750万人，而且数量还在不断增加，棚户区面积也在不断扩大。在一个叫玻利瓦尔的城区，有200万人住在拥挤不堪、沿着山坡一层接一层垒起来的狭小房子里。从远处看，这一片区域就像是小孩子拿破砖头叠起来的玩具，这样的建筑沿着山坡不断蔓延—— 一年比一年高。当然，也有开发得好的地区，那里为富人建的一栋栋公寓拔地而起，城区北面还有新开发的工业区正在建设中。

到2030年，波哥大的人口数量预计将超过1000万。届时就会对这个城市的所有服务都提出更高要求：垃圾清运和处理、公共健康服务、电力、粮食供应、教育、交通——还有安全可靠的饮用水供应。

这个城市位于海平面以上2600米，空气稀薄，像我这样来自低海拔地区

的游客一到那里就能感觉到变化，上楼梯都要大喘气。这里的空气正好能提醒我们，这个星球的大气层其实非常薄；也说明包裹在我们这个星球外面，维持全部生命的那层气体保护套是多么脆弱。

再高一点，多走几步都会气喘吁吁。可是高山上的森林和旷野是保证这个城市现状和未来需求的关键。在波哥大城市之上，是一片南美洲非常独特的广袤土地，名为帕拉莫高原。这个名字来自西班牙语，意思是“荒凉的地域”。对第一个探险到此的西班牙人来说，跟下面葱郁的森林和肥沃的农场相比，也许这里的确是个荒凉世界。可是，帕拉莫高原绝对不是荒凉一片，这里有着叹为观止的生命系统。在维持波哥大城内数百万人的生存方面，这片土地有着无法估量的重要性，因为这里首先是水源地。

从这个城市东南方向出去，经过一大片棚户区，穿过一些山村，再往上走是一片草地。经过山风中几户人家晾在户外微微飘动的衣物，跨过一片精心耕作的土豆地，就可以看到景色的变化了。在海拔3000米以上，几乎很少见到大树，连青草都尽量地贴着地皮生长。再高一点，大概3200米处，风景就完全不一样了。这里就是苏玛帕斯帕拉莫，是世界上最大的该类型区域，美得令人窒息。

阳光灿烂，空气非常凉爽。高海拔给了这里一点极地苔原的感觉。不过，这里可比北极的生命丰富多了。尽管这里原始、暴露，但因为靠近赤道，植物有长达一整年的生长期。放眼望去，四周尽是茂密的灌木丛，有的像石楠，有的像小型的树木。9月的时候，鲜花绽放，连长相奇怪的艾斯皮腊霞灌木也开花了。这种植物有点像棕榈，短粗的枝干顶部向外伸出一圈灰色的大棕榈叶子，开的是类似菊花的黄花。在这个海拔高度上，漫山遍野都是这种花。

这里的风景赏心悦目。数百万年的冰川遗迹让它有一种让人沉浸的古老氛围，就仿佛在这层绿色的外壳下沉睡着一个伟大的生命。

艾斯皮腊霞灌木因其苍白的树干、黄色的小花漫无边际地散布在起伏的山坡上而闻名，它们看起来就像是一头沉睡的巨兽皮肤上的软毛外套。这样说来，还真有一种比例上的对称，因为艾斯皮腊霞叶子表面也长了一层细细的绒毛。有了这层绒毛，让它们摸起来像天鹅绒一样柔滑。令人惊奇的是，这层细细的绒毛正是帮助帕拉莫高原保持湿润最终能够为波哥大城数百万人供水的秘密。远处的朵朵白云虽然很遥远，但在清朗的山间空气中却极为清晰。它们从西边及亚马孙盆地带来了湿气。大片白茫茫的雾气在高原东边的安第斯山顶蒸腾着，灰色的底部贴到了地面上。于是雾蒙蒙的下半部分就跟帕拉莫来了个亲密接触，这些空气中的水分被艾斯皮腊霞叶子上细微的绒毛截留下来。云层中微小的水滴被绒毛收集起来，水滴慢慢聚拢变大，从棕榈般的花环中间漏下去，然后顺着枝干进入地下。这片土地就是这样靠着云雾就能保持湿润。当然，这里也会下雨——大量的雨，在苏玛帕斯帕拉莫，每年的降雨量达到4米以上。

何塞·尤尼斯为哥伦比亚大自然保护协会工作，他对帕拉莫非常感兴趣。他说这里不仅能从天上取水，还可以把水储存下来，慢慢释放："这个体系就像一个巨大的海绵。这里的阳光很毒，风又大，所以什么东西不一会儿就干掉了。这样，帕拉莫慢慢释放出来的水就极其重要，简直就是我们的绿色基础工程。"

这个名词还真恰如其分。因为这件绿色斗篷在吸收和保持水分方面承担着生死攸关的重任。从那片地下，水又慢慢流出，保证了河水和地下水的供应。要是没有这层绿色植被，这里很可能暴发山洪或者泥石流。当然，这层植被的重要性还不止于此。尤尼斯补充说，在这块广大偏远的土地上，还栖息着数量可观的熊——这可是熊家族南美洲唯一的成员。还有很多独有的鸟类品种，比如秃鹫。这些体型巨大的鸟儿在山区上空翱翔，搜寻动物死尸。它们可是世界上体型最大的飞行鸟类。

不管踩到哪儿，我都能感觉到这个地方真的就像一块海绵，鲜绿色的苔藓和潮湿的青草像地毯一样绵软。各种灌木的枝干从湿润的土壤里钻出来，枝干上也大多长满地衣。在一两个浓荫密盖的山谷里，生长着一丛丛大树——那是一片真正的森林。苔藓、地衣和蕨类植物爬满了树干和树枝。这些大树在汩汩的溪流边一字排开，像骄傲的哨兵守护着水源。这些树木的存在绝对不是可有可无的，它们减缓了水流速度，保护着河岸不被河水侵蚀。

部分河水流进了平坦的沼泽地区，形成大大小小的湖泊，其中一处沼泽地就是流经波哥大的齐萨卡河的发源地。河上建了很多水坝，可以为城市居民供应淡水。不过，河流一旦离开了帕拉莫，河水便不再清澈。荒原高地的边缘全是种了土豆的农田和牧场，田地和牧场正在慢慢侵入不久之前还是荒地的自然栖息地，高地树林里漫步的牛羊把树苗都给啃掉了，农民也在那里捡树枝当柴火。

曼纽尔·罗德里格斯是哥伦比亚第一任环境部长，对这一地区近年来的发展情况了如指掌。他看着对面的山谷跟我解释说，直到2005年，苏玛帕斯帕拉莫还因为受哥伦比亚武装革命力量的游击队控制而免遭开发："这地方最近15年来变化很大。那时我来过这里，因为被游击队占领，这里根本没任何开发压力。现在，这里是安全多了，可也就意味着越来越多的人到这里来开垦土地。"

我们默默地朝帕拉莫爬上去，在路上被军人拦下来接受检查。现在这里已经被政府控制了，因而安全多了，可以投资开发了。显然，哥伦比亚的朋友们对穿制服的军人很满意。他们都清楚地记得不久前这一片地区还是那么的危险。很多人都认识有亲人或朋友在这里被绑架或谋杀的人。可同时，他们也很担心这片曾经的禁地现在可以开发了，结果会怎样呢?

因为农业开发越来越多，已经明显可以看到土壤流失的迹象。陡峭的山坡上种满了土豆，一排排精心维护的嫩绿作物中间，土壤暴露了出来。等到土豆被收走，这些土壤就完全裸露了。暴雨会把土壤冲到河里去，有些会堵塞水坝，有些则被带到了1000公里外的加勒比海。

帕拉莫上有很多溪流奔腾而下，但多数都没有得到保护。随着周围城市建筑的增加，污染日益严重。有的是被未经处理的生活污水弄脏的，有的则是被各种各样小工厂的废水污染的，其中包括从皮革厂流出来的剧毒污水。

很多溪流上都建起了水泥管道，这些水泥管道把溪流跟周围的环境隔开，这样一来，在排洪、隔离有毒物质、流失的水土和人类排泄物方面更严峻了。大部分溪流都汇集到了波哥大河里，在经过市区时进一步遭受污染。等到离开这个城市时，河水已经腐臭、有毒了，黑乎乎的，成了世界上污染最严重的河流之一。

它们流到了安第斯山脉的东部边缘，顺着陡峭的山崖飞流直下，进入壮阔的马格达莱纳河。随着海拔的下降，河水穿过了高山上仅剩的几片亚热带雾林。从云朵中间朝西望过去，能看见安第斯山脉主峰的雪顶。雪顶距此还有150公里远，可是由于空气清新，显得非常之近。臭烘烘的河水和清朗的大自然形成了鲜明的对照。波哥大河最终在分隔安第斯山脉东部和中部的山谷下面汇入了马格达莱纳河。它朝北奔腾而去，每秒为加勒比海注入8000立方米的水量。

波哥大河相对于它汇入的大海来说，只是一条小溪流，可不幸的是，这条小溪向大海里注入了大量有毒废物，以及每年2亿吨的宝贵土壤。在马格达莱纳河入海的巴兰基亚，放眼望去，只见一大片褐色的脏水渗入碧蓝大海。坐飞机经过的时候，就像是看到一个大陆级别的马桶往海里冲水。这种印象跟事实还真差别不大。

这一状况在平时就已经够糟的了，可是等到马格达莱纳河发洪水的时候，情况就变得更惨了。褐色的脏水能深入大海很远的地方，河水中夹带的土壤和营养物质是激流从河岸上冲刷来的，有些一直流到了罗萨里奥群岛。

这片岛屿是由珊瑚礁组成的，周围全是美丽的礁石，里面藏满了鱼类、贝类和甲壳类生物。2003年，我去过那里一次，完全被那片美丽的海洋世界给惊呆了。

可是经历了马格达莱纳河的几次大洪水之后，大量土壤和营养物质被冲到了岛上，海水的含盐量下降了，这些都严重威胁到了岛上的珊瑚礁。而这一切正是因为遥远的安第斯山脉上的农民开荒的决定，山下居民和工业也对污染负有不可推卸的责任。这一现象警示我们，地球上的水循环本质上是相互连通的。

1%的三分之一

这一连串的事件和因果当然并不是孤立的。在全球范围内，人类对淡水资源的冲击越来越大。生活用水需求的增长源自对食物、更富足生活的追求，还有由此带来的用水设备增长，以及工业生产的扩大和人口膨胀等。这些都在不断加重未来的负担，导致资源的严重紧张。顺着马格达莱纳河这样的大河一路看过去，也许你会觉得淡水资源很丰富。可是我要提醒大家，这种感觉是我们的众多错觉之一。

地球上大约有14亿立方千米的水资源，据说这是40亿年前这颗年轻的星球跟彗星相撞的结果。从那以后，水就一直在无限地循环着。从云到雨、到河、到海，再到云、到雨、到河、到海，生生不息。有时候也会被冻成冰。淡水的无穷循环是所有陆地生物生命的保证。然而，淡水这种对我们来说生死攸关的资源，在所有液态水资源中的比例都不过是沧海一粟。

要是我们能把地球上所有的水（包括海洋、湖泊、河流、冰块、云朵及地下水）都收集起来，做成一个大水球，差不多只有东欧那么大。我曾经把这个想象做成图片用在讲座当中。我都怀疑这么个小水球怎么能把旁边那块大石头（地球）弄湿。更让我不可思议的是，这个小水球还被打破了，东一块西一块地分布在石头表面。

地球上的水几乎都是海水，也就是咸水——占所有水的97.5%。剩下的2.5%的淡水有三分之二被冻在了两极的冰盖和冰川里，另外三分之一几乎都被锁定在地下岩石里。江河湖泊、溪流云层和雨水所含的水，只有地球上所有水的1%的三分之一。这么少的水，加上地下水，就是我们全球经济运转的支撑，是我们所有陆地生命的保障。它跟我们呼吸的空气一样，是人类生存的基础。

水在我们这个星球上以三种形态存在着：固态的冰、液态的水和气态的水蒸气。这三种形态对于地球系统的基本运转都至关重要。冰盖的一个重要功能就是反射太阳辐射，让地球保持凉爽。高山上的冰川是夏季河流的源泉，供养着地球上人口最为稠密的两大国家的几条大河都源自冰川。云层在全球搬运的淡水是以水蒸气形式存在的，最终以雨、雪、雾的形式降落到地面上。液态的水能让植物生长、动物生存，保证江河湖泊不干涸。

淡水生产的最终动力源自太阳，是太阳让水从海洋里蒸发到空中。这颗恒星发出的辐射照到水面上，把水变成水蒸气。不过，这还不够，因为要形成云，水蒸气还需要一个能附着的核心才能凝聚起来。微细的尘土和盐沫充当了这个重要角色，不过还是很难解释地球上每天怎么能形成那么多广袤的云团。最新研究表明，在云的形成过程中，可能有细微有机物的参与，比如有一种叫作颗石藻的植物藻。这些极小的有机物在海水表面漂浮着，释放出一种叫作二甲硫醚的化学物质——我们闻到的海风的味道就来自这种化学物质。二甲硫醚飘到空中后，会跟氧气结合形成细微的硫酸盐粒子。水蒸气就附着在这些粒子上，最终形成云团。

云团把淡水在全球搬来搬去，包括从海洋到陆地。这些云团也能让地球保持凉爽，因为它们的白色顶层能反射阳光。通常，海水越温暖，海藻生长越快，也就越能形成更多有降温效果的云团。换句话说，海藻能在天气变暖的时候产生降温效果的云团，从而帮助调节气候。

云团变成雨降落下来后，细微的和庞大的力量在水循环的过程中继续携手合作。横跨大西洋的云层给南美洲东岸带来湿润的气候。不过，看一眼植被地图就知道，南美洲北部的雨林并不仅限于沿海，它们横穿整个大陆，并且往南一直延伸到湿润的亚热带。于是，温带森林带也覆盖了（或者说曾经覆盖了）哥伦比亚、厄瓜多尔、秘鲁和玻利维亚境内的安第斯山脉。能到达这里的云团，有的最初就是在大西洋上形成的。不过，大部分在亚马孙盆地西部落下的雨，是由盆地东部先降下的雨再循环产生的。

落在雨林的雨水，有的汇入了江河溪流，但大部分都被植物吸收了。然后在植物光合作用的时候，再从叶子底部的小孔里释放出来，同时吸收二氧化碳，呼出氧气。这个过程叫作蒸散。在某些地方，这一活动对水的循环有重大影响。在刚才提到的南美洲北部，森林释放出来的水汽会形成新的降水云团，这些云团会继续向西漂移，把雨水进一步带到离降水云团最初形成的海洋越来越远的地方。

和海洋上空细微的硫酸盐粒子帮助形成雨滴相似，森林上空则是由亿万朵花儿产生的无数细微花粉来帮助聚集雨滴的。这些花粉被热气流带到空中，帮助水蒸气凝聚成水滴，最终形成降水。而森林上空形成的很多云团，能够穿越整个亚马孙盆地。

雾　林

很多湿润的森林就是这样靠自己形成的水循环维持的。这种绵绵不绝的水供应其重要性不言而喻。要是森林没了，整个区域内的水分布就会被打乱。世界很多地方的降水量下降，就是森林的减少造成的。

森林在水循环当中的重要性，不仅仅是因为它们能蒸发水汽和生成云团；有的森林还能从云团中收集水分来补充溪流、泉水和地下水。

比如，在加那利群岛的特纳里夫岛上，从海洋里挺拔而出的火山口北面通常都云遮雾绕。这些云团天天都有，而且基本上在同一高度。虽然它们通常都没有密集到能产生降水，但的确含有大量水分。这些迷雾在树林里漂浮着，让空气凉爽清新。相对火山底部或者另一面的干燥炎热，这里舒服多了。树干上长满了蕨草和苔藓，湿得可以滴出水来。就像在帕拉莫一样，这里的森林也能从云层里吸水，吸饱了存起来，然后再放入地下，渗到溪流和泉水中去。这就是雾林，在世界很多地方都有，也是水循环的一个重要生态系统。

雾林主要分布在热带和亚热带地区。通常都在海拔2000米以上的山区，要有稳定的水雾笼罩。在地势较低的地方，想知道哪里有雾林，只需看看每天云团跟山顶接触的地方就可以。雾林的一个显著特征是，它们从空气中吸收的水分比蒸散的要多。换句话说，它们是城市和农业水资源的生产者之一，有时甚至是主要来源。

内尔·伯吉斯是一位环保生物学家。他对东非尤其感兴趣，花了几十年的努力来了解这一地区，包括对这一地区的城市供水来说至关重要的雾林。“雾林吸收了很多水分，但并不是立刻完全释放出来，”他解释说，“如果这样，就不会有大量的水突然冒出来引起洪水或者水土流失了。那些水分都储存在苔藓或者长在树身上的其他植物里，或者树下落叶层里。那里非常凉快，你看到的有的落叶层已经堆积到半米厚了，也存了不少水在里面。整个森林就像一块大海绵，吸饱了水，再慢慢释放出来。”

伯吉斯强调，雾林在一些季节性降雨很分明的国家非常重要：“你要是旱季的时候到热带低地去，那里几乎不下雨。可是河水照流不误。那些水就是从雾林里流出来的。即使没下雨，森林也还在吸收水分、释放水分。在旱季，这样的水供应真是至关重要。”

坦桑尼亚的乌卢古鲁山区就是这样的一个例子。“这里是鲁伏河的水库，”伯吉斯解释说，“它支撑着达累斯萨拉姆的经济。这个城市有超过400万人口，是整个国家的经济引擎。旱季的时候，它的供水主要靠这条河流。而河水基本来自山上的雾林。这些生态系统具有巨大的经济价值。过去50年里，这条河旱季的水流量减少了一半左右。个中缘由可能不仅是森林减少了，还有农业消耗了更多的水资源等，可森林的减少无疑是河水流量下降的原因之一。”

有水才有经济增长

很多热带国家都有季节性干旱的低地，这些低地旁边也有高山，山顶有来自海洋的湿气，所以它们也依赖雾林供水。这样的国家包括发展迅速的东非国家，西非也有几个，还有越南、哥伦比亚和老挝、南美安第斯山区国家以及墨西哥等。雾林和生物多样性之间也有密切的联系。现在，人们终于认识到雾林对生长在那里的大量动植物来说有着极其重要的作用。

可在全世界，已经有四分之三的原始雾林消失了，主要是为了给农业生产腾地，或者仅仅是因为人们需要柴火。剩下为数不多的雾林被列入了各种保护区内，所以，尽管雾林消失的速度下降了很多，但却只剩些零头了，而且，就连这点零头也面临威胁——比如来自放牧的牲口的威胁。

很多国家和城市一直在努力加强管道、水泥和土木工程的建设，想跟上对水资源不断增长的需求，可直到最近，他们才开始更加关注诸如泥炭林、草地、森林、雾林和帕拉莫等自然系统。这些系统可以吸收、存储水资源，然后慢慢释放。有迹象表明人们开始醒悟了，甚至包括大国政府，比如巴西。

2009年底，我到巴西时见到了巴西中央政府当时的几位部长，跟他们讨论如何建立最好的国际合作关系，为他们正在进行的制止巴西国内乃至整个亚马孙流域乱砍滥伐的斗争提供帮助。几年前，在这样的讨论中，人们一般会强调砍掉森林是为了巴西自身的发展，这是他们的基本权利。而这一次，人们的态度有了明显变化。与会者明显开始意识到完整的森林对经济至关重要。不仅仅是因为森林在吸收二氧化碳方面的作用不可或缺，还是因为它在水循环中扮演的重要角色对这个国家的经济做出了巨大贡献。

人们的态度转变有两个原因。一是亚马孙流域生成的雨水主要降落在巴西中部和南部，这点至关重要。那里是巴西主要的农业地带，有很多甘蔗生产基地和大豆种植园。这两种作物对巴西的经济腾飞有着举足轻重的作用。雨林的减少就意味着降水的减少，进而意味着农业出口的减少和财富的减少。另一个原因是巴西对水力发电的依赖。这个国家80%的电力来自水坝。最近亚马孙流域严重的干旱导致江河断流，严重影响了巴西的电力生产。巴西政府开始意识到森林活着的价值远比死了要高得多，这绝不仅仅是淡水供应的问题。

想要降低其他国家砍伐森林的速度，显然是一项复杂艰巨的工作。但要想引起政治的关注，起码要有“森林是重要的经济资源”的意识。幸运的是，这不是抽象的希望。2011年底，巴西报道的森林砍伐率是有确切记录以来最低的一年——2010年森林面积只减少了6450平方公里。这是到2020年，要把森林砍伐量降低80%的努力的第一步。从实际情况来看，还是很有效果的。

这一政策之所以能够得到政治家们的支持，主要是因为经济观念的转变。这中间有国际援助的刺激，最著名的就是挪威政府的援助。挪威政府还援助了圭亚那和印度尼西亚。

不过，这项工作才刚开始，前面的路还很远。实际上，人们已经制订了亚马孙流域长期开发计划，包括建设水坝和修建道路。当然，政治方面的压力还是有的。有人希望能放松一点近期的控制，让农民能够扩大大豆的生产。因为气候变化的缘故，森林还会进一步消退。2011年，亚马孙流域遭遇了一次创纪录的大干旱。随着热带大西洋海面温度的上升，这种灾难可能会更加频繁。

可是，远在欧洲和北美洲的人为什么要操心巴西干旱或者森林消失带来的威胁呢？在英格兰，人们对于水的问题可能会有错觉。英国人正经历着异乎寻常的长期干燥天气，可还是有充足的水在那里流淌。但是，很多国家还是面临着严重的缺水问题。

很多国家进口的粮食和商品的产量都依赖于生产地水资源的数量。拿茶叶来说，英国人每年消耗大量茶叶，可是本土却不生产茶叶。这些茶叶大部分来自热带、亚热带高地国家，需要大量的降雨才能生产。

PG Tips（英国经典红茶）是英国最大的茶叶品牌，它的茶叶来自肯尼亚，由英国联合利华公司制造。我们在前面提到过的理查德·费尔伯恩说，肯尼亚高地因为森林的不断减少，茶叶生产已经变得非常脆弱："茂森林（Mau Forest，是东非相当大的原始林区）距维多利亚湖仅100公里，而我们茶园就在茂森林的边上。晴朗的早上，太阳照在湖面，升起一片水汽。这些水汽飘起来，笼罩住了这片30万公顷的森林。在这里它们变得更加潮湿，最终形成降水。茶园几乎每天下午都下雨。要是没有这片森林，降雨量就不会有那么多，那就有麻烦了。那么，肯尼亚的经济也就有麻烦了。我们已经看到这种情况可能发生的迹象，过去12年里，有一半的年份可以被算作是干旱年。"很可能就是森林的减少造成的。

支撑肯尼亚经济的不仅仅是依赖雨水的作物，如茶叶和咖啡，随便在欧洲哪家超市转一转，我们还会找到另外一种需要产地大量雨水的商品——鲜花。康乃馨和玫瑰是比较重要的两种，它们为生产国带来数百万计的外汇收人。这种把荷兰、英国和德国家庭装扮得温馨高雅的商品，大部分来自奈瓦沙湖。

奈瓦沙湖是非洲大裂谷的一部分。这个大裂谷不仅对于鲜花出口至关重要，还是野生动物、旅游、农业及能源生产的重要基地。可是，它也面临着困境，曾经从四周流入湖中的大量水资源被引去浇灌花田。虽然有些负责任的花农已经采取措施减少用水量，可这些娇美轻盈的花朵却都是些喝水大户。一束玫瑰自重只有约25克，却需要7~13千克的水来生产它。这就意味着，每一束玫瑰都需要自身重量280～520倍的水来浇灌。

这种只用于某一特定产品生产的水被称作“嵌入水”（Embedded Water）。这项统计有助于让人们明白一个令人震惊的概念：产品进口国的消费者消耗了产品生产国多少水资源。

在英国，每个人每天通过水龙头、淋浴花洒和抽水马桶直接消耗大约150升水。除此之外，还需要有用来生产食物的水、用来发电的水以及用来制造消费用品的水。这些我们间接用掉的水，远远超过我们直接用掉的水——据估计，大约每天4650升。

这个数字还只是生产日常用品的耗水量，并未含那些大额项目。比如，生产1公斤咖啡通常需要2万升的水；在肯尼亚，生产1公斤茶叶要消耗0.2万升水；生产1公斤牛肉大概要消耗1.6万升水。肉类生产耗水量比蔬菜大多了，因为食物链生产的每一步都需要水，所以，吃的食物位于食物链越上层，耗费的水资源越多。

对肯尼亚来说，出口鲜花、茶叶和咖啡等商品，“实质上”就是出口水，水就是他们的经济命脉。而在进口国，这些商品让人们的生活更加美好，除了个人的享受之外，超市也赚到了利润。花农们的生意好，意味着咖啡园和茶园的工人们有工作。而这些行业的公司及个人支付的红利和税收，则帮助人们支付养老和医疗费用。推动这一切良性循环的正是清洁的淡水——大自然源源不断供应的淡水。至少，大自然到目前为止，还在源源不断地供应着淡水。

费尔伯恩这样总结肯尼亚的境况：“这个国家没有石油和贵金属矿藏，其经济仰仗于生态系统的正常运转。事实上，这个国家所有的出口商品（茶叶、鲜花和园艺作物等），还有旅游，全都依赖于水和自然。外汇收入也都来自生态系统，要是没有充足的降雨，就什么都没有了。”

每天都有如此多的嵌入水被运往世界各地，这给全球水循环带来重大压力。不仅仅是发展中国家在水利用和供应模式的改变面前显得脆弱，就是在一些很富有、先进的国家，水资源的分布也决定着经济如何发展，而且左右着全球的粮食价格。

从澳大利亚内陆前往其南部海岸的旅行者会跨越一条重要的分界线，这条线是1885年由一位名叫乔治·伍德罗夫·盖德尔的勘测师确认的。那一年，他在地图上画出了一条线，威洛克拉河边的一条路边有块牌子标示出这条线穿越了这块土地。在这一片距离不算太远的区域内，乡野的景观有着明显的变化。线的北面，巨大的桉树只能紧靠着河流边生长。威洛克拉河把这里罕见的雨水带走，流到了平坦的谷底。而到了那里，桉树则开始远离河流，到处繁荣起来。在线的北面，长着乱七八糟成色糟糕的牧草，整个景观还是以澳大利亚内陆的干旱植物为主。可是一越过线到南边，这里的土地便是郁郁葱葱一片繁荣，有长满谷物的耕地和奶牛遍地的牧场，河床上甚至有凝滞不动的积水。再往南一点，有的地方简直是汩汩泉涌，水源充沛，到处是钢结构的大型谷仓和机械化农场。

正是沿着这样的变化，盖德尔画下那条弯弯曲曲的界线。虽然当时数据有限，对当地植物也了解不多，但他的这条供水分界线却经受住了时间的考验。盖德尔说，他的这条线就是农业生产安全的最北极限。在这条线以北，气候变化无常，大起大落的收成会让任何农业家庭破产，甚至饿死。他说的没错。在这条线以北，历年来的残酷干旱已经祸害了不少忽视这一点的农民。

没人知道这条线会不会随着气候变化而移动。但有科学家认为，影响到南澳大利亚的干旱，是未来长期干旱趋势的一部分。这一观点是否正确还有待时间的检验。可是近10年来，由于干旱导致澳大利亚谷物减产，造成粮食价格上涨，就证明了万一这条线移动会带来多大的损害。

比较容易预测的是气候变化对于像咖啡和茶叶这类商品的影响，它们生长在特定的区域，必须得有合适的温度和湿度。比如，多个研究东亚气候变化的项目都认为，未来几年能够种茶和咖啡的区域会大大缩小，届时这种利润颇丰的作物生产将会受到影响，尽管目前它还是就业、开发和税收的重要源头。

不管是不是跟气候变化相关，在全世界，农业在水资源的稀缺面前都不堪一击。近几十年来，把产量提高了这么多，不仅仅是因为我们努力耕作、拼命施肥和喷洒更多的杀虫剂，而且还是因为我们能从自然界获取到相应的淡水资源。

过去50年里，全球的灌溉农田面积翻了一倍，到目前，我们从自然界中获得的70%的水都被用来浇灌了。农业生产对水的需求的增长，是这一时期用水量翻了三倍的主要原因。在很多地方，为了满足这一需求，人们大量开采地下水。而很多地方出现令人担心的迹象，水资源越来越紧张，目前的粮食产量还能维持多久？

在中国，超量开采地下水已经超过可维持水平的25%，而在印度北方某些地方，估计已经超过50%了。这两个国家都有着庞大的人口数量，而且增长的不仅是人口，还有经济——这就意味着对粮食产量的更高要求，然后反过来又对水资源提出进一步要求。

大自然的下水道工程

水对于农业、工业以及家庭来说，都是生死攸关的资源。在海洋、土壤和森林等各种自然系统的帮助下，大自然源源不断地为人类供应淡水。可是，这还不是全部的真相，因为大自然还为我们提供了无价的水源清洁服务。关于这一点，印度加尔各答东部的一大片湿地令我印象深刻。2004年我参观那里的时候非常震惊，那个当时就已经有1200万人的城市，竟然只有那么一个由大大小小的池塘、湖泊、沟渠和沼泽组成的废水处理设施。

人类排泄物的强烈气味弥漫在空中，这在雨季即将到来的37 ℃高温里臭气熏天。如果你知道这片位于加尔各答东部的湿地每天都要接受近70万吨未处理过的污水，就一点也不对这种气味感到奇怪了。

那里修建了一块块小小的绿地。污水从城里沿着沟渠缓缓流过来的时候，固体物被分离了出来，从池塘里捞出来的黑乎乎的固体垃圾被扔在由湿地隔开的一片片绿地上。这些东西为生活在湿地上的人们提供肥料，生产出成千上万吨蔬菜。

固体垃圾被打捞出来之后，液体继续流入长满了水葫芦的池塘里。这些漂亮但顽强的植物生长很快，枝干、叶子、花朵和种子的迅速成长，不仅能帮助消除水中的营养，还能吸收某些制革厂之类的小工业作坊排放出来的重金属和其他有毒物质。等到大部分有机污染物被植物吸收之后，剩下的水被灌入鱼塘。整个湿地总共有300个池塘，总面积达到35平方公里，每个池塘里都有鱼，达十几个品种。令人难以置信的是，这里每年还能生产1.3万吨鱼，绝大部分鱼都被销售给了加尔各答。住在那里的人们还养了成群的鸭子，鸭子们靠吃池塘里的蜗牛为生，而蜗牛有时吃水藻，水藻则借着水中高浓度的营养物质和光合作用生长迅速。

有5万人靠这片湿地为生。他们有的种植蔬菜，有的做买卖、织渔网，有的维护沟渠的通畅。光是养鱼这一项就需要8000个劳动力。在这样一个经济欠发达国家，这片湿地具有重大的经济意义，它不仅养活了这么多人，还能清理污水。否则，又不知道要投入多少费用在管道建设、土木工程和清理工作上。当然，这并不意味着加尔各答是污水处理的模范，或者这就是我们未来发展的一个方向，但它的确让我们看到，人类在跟大自然合作的时候，可能还有其他选择。

另外一个面临污水处理重大困难的发展中国家城市是乌干达首都坎帕拉。2003年，这个城市90%的居民都没有污水管道处理系统，当时帮助这个城市勉强维持、没有爆发严重卫生危机的功臣就是纳其乌博湿地。这片湿地从城市中央区域穿过众多居民区，最后注入维多利亚湖。

和加尔各答的湿地一样，这片湿地通过处理、净化生活和工业废水，维持了整座城市的供水，还帮助维持着一些基础的经济活动，比说木瓜种植、制砖和渔业。

1999年的一份经济评估认为，纳其乌博湿地在污水净化和营养价值回收方面的生态服务价值每年高达175万美元。另一份估算认为，仅仅是污水处理厂一项，每年就需要200万美元的维护费用。而且，扩建污水处理厂不仅经济成本高，还涉及人们的生计和其他跟湿地相关的经济利益。正是基于这样的经济计算，原先想把湿地抽干的计划取消了。2003年，湿地区域被包含在了城市绿化带内。不幸的是，在那之后，湿地还是因为工业开发等其他压力而退化了。

青山不倒，绿水长流

面对水供应和水处理的巨大压力，很多专家都认为我们亟须更深刻地了解大自然在这些方面起到的重要作用，更全面地反映整个体系的经济价值。

在坦桑尼亚，内尔·伯吉斯看到了为达累斯萨拉姆供水的乌卢古鲁山区雾林的一点改善：“我们要做的工作之一，就是要找到建立城市和森林之间经济联系的方法，让城市来为这个体系的生存买单。立法和发布保护规章制度是很有必要的，下游的人应当为保护上游森林支付费用。现在，达累斯萨拉姆供水和污水处理公司正在联合可口可乐公司寻求给上游农民付费的方法。比如，这笔钱可以用来帮助他们改变导致水土流失的农业操作方法，提高木材的利用率，包括改进炉子以减少木柴的使用等。”

可能很多人想不到，农民做饭的方式竟然会对城市供水产生那么大的影响，可事实的确如此。

在墨西哥，2003年官方公布了一个计划，土地拥有者可以为环境敏感地区申请环境保护费用，条件是放弃诸如耕作或放牛之类的活动。政府通过认证某一特定区域对于恢复水供应和防洪方面的作用，给它们评定分数。一块土地的分数越高，可申请到的环境保护费用也就越高。

这个计划实施的前7年，吸引了大约3000户农田主的参与。据估算，减少了1800平方公里的森林损失，差不多把墨西哥的森林消退率从1.6%降到了0.6%。此举带来的好处不仅在于保障了水的供应，还保护了生活在雾林里的野生动植物，这一计划的实施还避免了大约320万吨二氧化碳排放。

还有很多通过与土地使用者建立合作关系来保护水资源的好例子，比如法国依云镇。依云镇位于阿尔卑斯山脚和日内瓦湖南岸之间，小镇后面就是巍峨壮观的阿尔卑斯山，而正是从这一美景中流出了闻名遐迩的依云矿泉水。泉水源自湖面以上900米的高原，那里分布着片片草场、草甸、湿地和农田，它们吸收的是雨水和山顶融化的雪水。

这些形态各异的栖息地分布在一个由当年连续的冰川纪造成的复杂地理沉积带上，其中就包括陡峭而宽广的山谷，现在成了日内瓦湖。山谷里蓄满的冰水来自高原顶上，当雨雪降落在这片高原之后，渗入地下的水经过长达

20年的天然过滤和冰川砂层的矿化，才从山下的依云泉口流出来。在这漫长的渗透之路上，它吸收了某些特定的矿物质，成就了自己神奇的名声。神奇的泉水让这个只有8000人的小镇全球驰名，也让依云矿泉水公司生意兴隆，公司又为当地提供了900个工作岗位。

能供应依云泉水的自然环境非常脆弱，这一点大家都明白。全镇居民齐心协力保护水源地生态稳定，维护泉水的纯净。在整个高原上分布着100多块湿地，湿地的蓄水量占整个高地蓄水量的10%，但却为山下的出水口提供了30%的泉水。对这片湿地和生活在湿地上的野生动植物的良好管理，为人们带来了显著的经济价值，也让它名列《拉姆萨尔公约》（Ramsar Convention on Wetlands）。

人们以非常传统的方式使用这片草地和牧场，化学物和人工肥料的使用量被降到了最低，这样做有利于保持这个经济、社会价值极高的泉水的纯净。依云矿泉水公司赚到的利润也会分给农民当作奖励，让他们保证用不会破坏泉水的方式使用土地。

近年来，瓶装水是一个发展迅速的行业。英国的瓶装水销售量从1990年的5亿升增长到了2009年的20亿升。这些水并非全都来自像依云那样美丽的自然环境，然而包括很多著名品牌在内的大部分水源环境还是很不错的。瓶装水屡遭质疑的是它产生的塑料包装垃圾问题，以及运来运去的能耗问题。这两种批评都没错，只要使用合理，谨慎地保护自然区域也能创造财富和工作机会。

与供应一个国际化大都市所需的水量相比，瓶装水的消耗量就不算什么了。不过，在城市供水问题上，也有很多土地管理恰当从而大大降低供水成本的好例子。

曼哈顿无疑是个表面看来离自然最远的地方，在这么一个宏大的城市里，水管接进了摩天大楼、公寓和成千上万的餐馆里。这些冰凉的自来水源自良好的绿色基础设施，对曼哈顿来说，这些基础设施就是科罗顿、卡茨基尔和特拉华山地。

这块2000平方公里的林地为将近900万人提供了高质量的饮水。如何保护好这块林地，让它能好好地存储并且源源不断地供应水资源是一个非常复杂的工程，因为这块为纽约市收集雨水的林地分属2000多个主人。最后，1993—1996年建立起来的一个促进水土保持的农林合作方案解决了这一问题。

这一方案旨在鼓励土地所有者自愿参加保护计划（当然是有经济刺激的），推广既能保证土地所有者的生活不受影响又有利于水源供应的做法。由纽约州政府和美国林业部出钱，这一颇具前瞻性的方案吸引了95%的土地所有者参与。最终的成果是，这一创新方案成本只是传统做法的几分之一，但却产生了美国最大的无须过滤的自来水系统。

如果安装人工过滤系统，虽然可以过滤掉山泉里多余的营养和沉积物，但纽约市就得先投60亿~80亿美元建基础设施，而且这些设施每年的维护运营还得花上5亿美元。现在，把钱集中花在最优化的农林综合法上，纽约市只掏了10亿美元。这一差异当然也体现在了纽约市民的水费账单上，但是他们的水价只上涨了9%，要是建新的水处理设施，费用恐怕就得翻倍了。

此外，还有其他一系列的好处。首先就是这块林地一直保持开放，人们可以在里面远足、漂流和钓鱼。其次，还有野生动物方面的保护，这里的林地和农场在保护本地动植物方面堪称天然。

本章一开始提到的哥伦比亚首都波哥大，很可能也会朝这个方向发展。何塞·尤尼斯和大自然保护协会正在发起一个保护帕拉莫和森林的项目。他们已经团结了好几个组织一起来制定保护帕拉莫和其他自然资源的长远规划，保证其持续供应清洁淡水。参与这项宏伟计划的组织有波哥大市政供水处、哥伦比亚最大的某啤酒生产商和哥伦比亚自然遗产保护协会。

目前的计划是全力恢复保证波哥大未来长期供水稳定的绿色基础设施，首要重点是保护高山帕拉莫的生态，其次是恢复下游的森林覆盖。这不只是环境保护的问题，还是未来发展的问题。要想为波哥大城里200万棚户居民提供工作机会、保证经济继续增长，确保水的供应无疑是其中的关键保证之一。因为水是工业的保证、粮食生产的后盾和水力发电的动力。

水务公司和啤酒公司之所以愿意参与到自然栖息地的保护行动当中来，是因为他们完全了解其中的经济原理。他们都认识到，相对于依赖工程建筑和净水处理技术来说，保护水源是更为经济的做法。比如，这两大巨头同时面临的一大难题——分离水中的沉积物。正如纽约人已经发现的，一旦土壤粒子进入水中，再想把它们分离出来代价将非常之高。但是，一开始就把资金放在防止土壤进入水中，则要便宜得多。

波哥大试点项目实际操作的第一步就是建立树木养护队，项目组雇佣工人到处搜索波哥大山坡上七零八落的本地树木的种子。人们在一个古老的石头教堂废墟上建起了一个基地，在那里试验让67种本地树木种子发芽的方法。这些树木将会被分散种植在将要恢复的温带森林带里。人们想尽了办法，有把种子放在装满土的盆子里发芽的，有放在装满了水和苔藓的碗里发芽的。

想要恢复1公顷土地的森林，需要大约6000棵树。需要恢复森林的土地有几万公顷，种树量就非常可观了。和纽约的情况一样，这一计划成功的关键在于土地拥有者的参与。毕竟，土地所有者人数众多，很多人只有几公顷的一小块地而已。

要达到预期效果，必须保证有面积足够大的雨水储存地，这就要求跟很多具体的个人打交道。在最关键的地方种树，农民们应该得到补偿，而且还要培训他们采用破坏力小的耕作方式。这些都需要钱，可是跟下游首都城市得到的可持续发展保证相比，这一切的成本是非常低的。

一个很大的问题是，如何建立一个相应的经济模式来向山上的农民们付费，以保证绿水长流。一种方法是通过水费账单来让消费者付款，另一种方法是通过分配地方税收比例来收取费用。已经有一条法律规定，市政府每年要拿出财政收入的1%来保证水资源供应。尽管目前这条法律执行得不是很好，但政治力量的参与，还可以调动大量资金来参与这个或者类似的其他计划。

目前，还不能确定通过税收或者消费者账单够不够森林恢复和自然保护的需要，但是基本的经济原理是明确的：与其花钱清理水中的垃圾或者建新的水坝，不如利用现在已经在起作用的巨型“天然海绵”，在收集和大量供水方面既便宜又能发挥可靠的作用，还可以实现可持续发展的目标。

这个项目还有很多边际效益。首先，可以保护很多帕拉莫独特的物种。这片温带森林曾经（今后也将继续）养育它们。其次，土壤保持能帮助确保粮食安全，而树木可以消除大气层中引起气候变化的气体——二氧化碳。因为树木能吸收二氧化碳，把碳储存到土壤中去。

新生的流水过滤植物很快就能让波哥大河重新清澈起来，进而让马格达莱纳河和加勒比海恢复清澈。所有这一切都有着极大的经济价值，只是我们目前还没找到一个能用主流经济学理论准确地把它反映出来的方法。

虽然有些经济机制还处于试验阶段，但水的故事至少把美丽的帕拉莫原野跟塞满波哥大酒吧和冰箱的冰啤酒联系起来了——愿这种联系长长久久。干杯！

食物链养活了大群的鱼儿，食物链的起点是阳光

Chapter 7 海底的亿万宝藏

2740 亿美元 —— 捕鱼、渔业加工和销售对全球 GDP 的贡献

500 亿美元 —— 管理好鱼类资源可能带来的额外价值

160 亿美元 —— 官方对破坏鱼群做法的补贴

清澈的海水围绕着特内里费岛。小岛的火山陡坡直直地深入海底，在波浪以下 2000 米的地方跟海洋底床结合。海洋底部又黑又冷，海面以上却是阳光灿烂，金光闪闪。正值盛夏，海水跟陆地交接的沙滩上人头攒动。我带着儿子奈离开沙滩，上了一条渔船，去海上钓金枪鱼。离岸 5 公里之后，烈日当头，微风徐来，但海浪不小。五根渔竿安放在船尾的托架上，渔钩一头扎进了潮涨潮落的大海里。

尖嘴鸥、类似信天翁的褐色海鸟在周围巡弋。它们扇动着强健的翅膀掠过海面，又乘着浪尖上的上升气流继续翱翔；它们一圈又一圈地盘旋着，翅膀几乎碰到水面。这么一群飞鸟聚集在我们前方约 500 米处，然后又左转。船长看到它们了，将船头对准驶去，因为海鸟们可能正在那边抓捕被金枪鱼逼到水面来的小鱼呢。

我们用的鱼饵据说能欺骗海里的鱼儿，让它们以为是鱿鱼块——这种钓

鱼法叫作“拖钓”。我对这一方法的可行性将信将疑。渔船的马达声非常大，鱼儿很难发现湮没在行船产生的巨大泡沫中的鱼饵。可等靠近鸟群时，我们的转盘突然迅速转动起来，渔线以令人惊讶的速度被扯了出去。不知道什么东西正在拼命地把鱼饵拽离渔船。原来，我们经过了一大群正在抢食的鱼儿，有三条鱼同时抢夺那块假鱿鱼。我拿起自己的钓竿开始往回收线。

咬钩的鱼儿立刻开始反抗，非常有力。这肯定是一条很厉害的海洋捕猎者，它力大无穷，速度惊人。我以前只在英国的河流湖泊里钓过淡水鱼，从来没见过这场面。我抬起渔竿，拉紧渔线，然后又松开。有那么一瞬间，钓线是松的，我赶紧转动转盘，收回了大部分的渔线。每转一圈，我和鱼儿之间的距离就缩短了 1 米。

奈也钓到了鱼，已经拖上了甲板，大概有 3 公斤重，真是不错。我钓到的鱼儿更大——挣扎也更有力。船员里卡多一直在喊赶快，生怕我的鱼儿会脱钩跑掉。终于，我能在清澈的海水里看到它了。大概水下面 5 米的地方，已经很靠近渔船了。渔线还是绷得很紧，鱼儿还在全力挣扎。我已经看到一只蓝色鱼雷形状的鱼身在左右摇晃。更近了，里卡多一把抓住渔线，告诉我继续收紧。

鱼终于浮出水面了，里卡多一把抓住渔钩上的橡皮鱼饵，把鱼儿拎到了船尾木制的鱼台上。我谨慎地问能不能把它给放了，他难以置信地看着我，拿出一个棒球帽大小的工具一把敲在了鱼头上。就这么一下，鱼儿全身一颤，就好像被按住了开关，躺着一动不动了。

里卡多拎着鱼尾递给我，他一脸自豪，就像是把新生儿交给母亲一般。我的战利品是一条鲣鱼，重约 6 公斤。这是我亲眼见过的最神奇的生物，仅仅说它拥有流线型的身材，根本表达不出这个海洋高级猎手的优美，它的身材超级棒，鱼鳍和尾巴都是速度的完美体现，结实、细腻的肌肉能推动其高速朝向猎物冲去。

它的眼睛很大，能在海洋深处光线微弱的地方看清猎物。它的背上，是深浅不一的由两种碧绿色组成的美丽图案。鱼肚皮和侧面的颜色较浅，呈银白色。这样一来，无论从上面还是下面看过去，都能与海面上不断变化的波光以及波浪折射光保持一致，方便隐藏自己。有了这些优势，它能出其不意地攻击猎物，也能躲避鲨鱼、海豚和其他把它当作美味大餐的猎手的攻击。

这种捕猎者几乎位于食物链的顶端，就只还差那么一点点。在渔船回港的路上，我们看到了在食物链金字塔上位置更高的生物，比如宽吻海豚、短鳍巨头鲸等。短鳍巨头鲸就生活在特内里费岛与戈梅拉岛之间的水域，大约有 300 头巨头鲸在这一带靠捕猎深海巨型乌贼为生。

能够驰骋到今天的捕猎性鱼类和海洋哺乳类动物都是高度进化的精品，彰显着海洋令人敬畏的生产力。鲣鱼在商业价值极高的金枪鱼中已经算是体型最小的了，但这些生长极快的鱼儿还是能长到将近 34 公斤。等到它们被装进罐头，摆到超市货架上去的时候，已经没人知道这么美味的食物是怎么生产出来的了。这种鱼能迅速积累蛋白质，同时富含对人类健康非常有益的油脂，而这些都依赖于整个生态系统的平衡。就像在陆地上一样，海洋生态系统的最终驱动力也是阳光。

全世界，在占整个星球总面积三分之二的海洋浅表，生活着无数微小的有机物。它们利用阳光从无机物中制造出复杂分子。各式各样的光合作用，海藻就是初始生产者（Primary Producers）。这些漂浮在波光粼粼的海洋表面靠阳光生长的微生物，又是其他一些海洋小生物的美食，这些小生物包括各类单细胞阿米巴原虫，还有刚孵出来的小鱼苗、贝类、水母和甲壳类动物等。接着，这些小生物又成为小鱼的食物，小鱼又成为大鱼、乌贼和其他鱼儿的食物，最后这些大鱼又支撑着海洋哺乳类动物，以及无数人的生命成长。

在那条6公斤的鲣鱼被钓上来之前，它已经活了三四年了，可能是一批数量在10万~200万鱼卵中的一个。一旦卵被产下来，鲣鱼可以在一天之内破卵而出。这些小小的鱼苗在海藻中飘来飘去，可能成为在此觅食的生物（甚至包括大一点的鲣鱼）的美餐。不过，幸存下来的鱼苗生长得很快，两三个星期之后就长成了雏鱼，开始吃小鱼、甲壳类和贝类等其他小动物。刚成年的鲣鱼很快就成为投机取巧的捕猎者，猎食范围非常宽泛。它们长得很快，第一年就能长到40厘米长。

一般来说，要耗费10倍低一级食物链食物才能长出高一级食物链的一个单位重量。通过这个基本的生态规则，可以推测，我钓到的这条6公斤重的鲣鱼得吃60公斤的小鱼才能长这么大，而60公斤小鱼的长成又需要600公斤的浮游动物，600公斤的浮游动物又需要6000公斤（6吨）依靠光合作用生长的海藻才能形成。

我们不知道像西班牙这样的国家每年的捕鱼量是多少，或者日本这样喜爱金枪鱼的国家每年的鱼类消耗量是多少，但只要你拿着上面这个公式去套一群金枪鱼的数量，你就能明白这座维持着一个重要行业、饮食习惯和餐馆利润的金字塔是多么宏伟了。

金枪鱼只是人们每年捕捞无数海洋野生鱼类当中的一种。1996年，金枪鱼的捕捞量达到了8600万吨，也就是至少需要800亿吨的初始生产者才能维持这一产量。想想这个数字（考虑到我们吃的大部分海鱼都是金枪鱼、旗鱼和鳕鱼，这一估算数字真是非常保守了），对于地球上三分之一的光合作用发生在海洋里这一事实，也就没有什么值得惊讶的了。

有时，食物链最顶端和最底端的生物都会显著影响渔业捕捞量的起落。如果海洋底部的养分过量，海藻就会疯长。它们在养分的催化下迅速增长，甚至在太空中，都能看到它们像一团团云朵般漂浮在海里。海藻疯长，对渔民们来说是个好兆头，因为能量和营养会顺着食物链往上，促进鱼类的生长，在接下来的几年里，捕捞上来的鱼群数量和体型也都会增大。

海藻暴发的原因不只是第二章提到的陆地农场营养过剩，通过河流被排放到了海洋里，还有自然过程引起的。世界上最高产量的渔场是太平洋东部秘鲁海岸边的凤尾鱼渔场，高产的原因是在这片海洋底部富含天然积累的营养物质。

这些营养物质沉积在秘鲁太平洋海岸一面的深海海床上，由生活在海洋表面的动物排泄物和动植物死后腐化的残骸积累而成。在这片宁静暗黑的海底，源源不断的所谓的“海雪”（Marine Snow）生成了这层有机物。随着有机物的腐化，它们消耗掉了海底海水里的所有氧气，结果就形成了营养丰富的细腻海泥。海泥反过来促进了各种化学反应，包括一些厌氧细菌的成长。厌氧细菌能把死鱼的骨头和鳞片也都消化掉。时不时地，因为海洋上空季风方向的转变，海底的海泥也被上升流推到了海洋表面。

随着这些营养物质的到来——尤其是硝酸盐和磷酸盐的到来——海藻在阳光普照的海面上大规模繁殖，自然就扩大了食物链金字塔的基座。渔业丰收全仰仗于这股营养流的到来，就像在陆地上农民通过施肥来增加肉或者奶的产量一样，这些循环的营养物相当于鱼的肥料，而且是免费的，最后的结果就是有益于人类健康的鱼类蛋白质被生产出来。

太平洋东部的凤尾鱼每年的产量大约是 700 万吨。2008 年，秘鲁光这一项的出口值就高达 17 亿美元。不过，更多收获其实还是在食物链的更上一层。凤尾鱼是其他养殖鱼类，尤其是三文鱼的廉价主食。凤尾鱼产生的蛋白质以及健康的鱼类油脂，都被转化到被它们喂大的三文鱼身上了。

人类从鱼类身上获取的海洋产品价值不可胜数，首先是营养。鱼肉富含优质的蛋白质、健康的鱼油以及微量营养素。鱼类对新生儿的成长非常重要，一项研究发现，不吃鱼的孕妇生的孩子很可能比吃鱼的孕妇生的孩子智商要低。那条6公斤的鲣鱼让我们五个人吃了一个星期，而奈钓的那条鱼则被我们加那利群岛的邻居一家享用了。

当然，这类海洋产品除了是美味的食物外，还是经济活动和很多工作的基础。捕鱼业、渔业加工和销售估计为全球生产总值贡献了2740亿美元。这些行业也带来了巨大的社会福利，提供了2亿多个工作机会，而且主要分布在劳动力过剩的发展中国家。在世界上相对贫穷的区域，鱼肉不仅仅是一种健康食物的选择，对于数以亿计的几乎没有其他蛋白质来源的人们来说，鱼肉成了他们唯一的选择。

南　海

越南的港口、河口和海滩上大概有12万艘渔船，岸上还有着不断增长的鱼类、龙虾和小虾养殖企业，由这些船只和小企业组成的整个行业养活了400万工人。

平定省位于越南的中部，是越南沿海省份之一，濒临中国南海。大约有8000艘渔船停泊在这里，其中三分之二是小舢板。这些小船能够出海10公里捕鱼，养活岸上渔民们的一家。五颜六色的小船或者停泊在沙滩旁边的浅滩上，或者系在长满棕榈树的河口，绝大部分都是拖网船，靠把渔网撒到海底拖行捕鱼。

在一些沙滩上可以见到一种叫作敷网的东西。这些巨大的渔网非常结实，上面有细密的网眼。晚上，渔民用长长的竿子把渔网安置在海底。到了早上，再把它们拉起来，黑暗中不知底细停留在网里的鱼儿（大部分都是鱼苗或者未成年小鱼）就被打捞上岸了。沿海很多地方也被开发了，建了许多养虾池。

从空中看去（地图上看得很清楚），就像在沿海贴了一条细细的、由无数片碎镜子组成的镶边。海水里放着巨大的笼子，里面养的是准备出口的龙虾。其他各式各样的笼子也很显眼，都是用来抓捕鱼类和贝类的。

在归仁这个大海港里，停驻着一支越南远洋渔船队。这些大船能开到100 公里外的海洋作业，搜寻金枪鱼、鲭鱼、乌贼等能够出口的深海鱼类。

持续的高温让整个港口散发出一股令人恶心的臭鱼烂虾的味道。可是，对当地人来说，这却是丰收的味道。泡在这样的气味中，人们赚到了养家糊口的钱。那些非常成功的船主很富足，有自己的小车。大多数普通渔民也能养活家人，买得起摩托车和手机。在这个高速发展的国家，摩托车和手机是相互联系的必需品，它们带来了更多的社会流动，因而促进经济进一步增长。

所有的人都在忙碌着，忙着准备渔具，修修补补，添加给养。停在码头的一辆卡车上装满了 10 公斤一块的冰块，冰块接触到潮湿的热带空气，卡车周围立刻生成了缭绕的薄雾。这些冰块被装进一台柴油动力的碎冰机里，碎冰机马达轰鸣，喷出团团浓烟。大冰块被砸成了碎冰屑子，然后直接顺着坡道滑进拖网船船舱里。

港里来了几艘捕捞鱿鱼的渔船，它们看上去就像是漂浮着的垃圾场，甲板上堆满了竿子和绳子，船出海以后，这堆东西就会被架起来，船员们就能把捕捞的货物挂上去晒干。甲板上还堆着一些竹子做的圆形筏子，这些是晚上放下去的手钓鱿鱼的装置——这是种可怕的职业，有时候，这些小筏子会漂走，在黑暗中根本无法回到母船上，甚至从此消失。不过，干这行的报酬不错，要是有人不干了也不愁招不到替补。

港口里也系了些较小的围网渔船。船员们正忙着收拾渔网，准备马上出海。这些渔船专捕生活在开阔海域的大鱼，比如金枪鱼。船员们用网围住一群鱼，然后把网的底部封起来，形成一个大袋子，把里面的鱼一网打尽。

海港不远处有一个小船坞，生意兴隆。人们挖了六条水道以供停船修理和维护。圆锯凄厉的尖叫声中夹杂着单调的锤击声，那是在安装新甲板呢。新刷的油漆味儿和新鲜的木材味儿混在一起，给人欣欣向荣的希望。有两艘新船正在建造中，厚厚的红色木质龙骨光秃秃地矗立在空中。船身的设计很简单，但却非常坚固，热带高品质木材能让它们经受得住大风大浪。

这么宽厚、品质上乘的用于造船的木材，现在在越南已经很难找到了，大部分都是从老挝或者柬埔寨进口来的越来越罕见的天然林木。就在我拜访了归仁港的那个星期，已经濒危的动物爪哇犀牛在越南灭绝了，又是大面积砍伐森林（加上偷猎）造成的恶果。这正好生动地说明，人类正在倾尽一种资源（森林）来掠夺另外一种资源（鱼群），其结果必定是两败俱伤，注定要造成无可挽回的巨大经济损失。

万工越（音译）是某金枪鱼延绳钓渔船的船主，这艘船长 15 米，吃水 30 吨，能装载 600 块冰。他从事这一行业已经 30 多年，最近 10 多年来专注于金枪鱼的捕捞。他的船捕到过黄鳍金枪和大目金枪，还有奇怪的旗鱼。他的生意还不错，很满意自己以捕鱼为生的生活。他每年要带着自己的船和 10 个船员出海五六次，每次都得 1 个月。

万工越的渔船在设计时仅仅关注捕鱼这一个目标，对船员的生活考虑极少。船员的枕头、被子被塞在船舱顶部，船舱里一张大桌子既是工作台也是床铺。一个狭小的过道是厨房，但是没有卫生间。船舱墙上钉了个架子，挂了两个大塑料杯，装满了船员们的牙刷。甲板下面没有船舱空间。船身后半部分都被那架 180 马力的柴油发动机给占了，船身前半部分是冰库，用来储存捕到的鱼。船头放了两个巨大的竹篮，里面装了一卷一卷的尼龙线，线上挂满了又大又锋利的钢制鱼钩。每条线长达 50 公里，上面绑着 1300 只钩子。钩子上挂了鱿鱼肉鱼饵，在船后面拖着。船头装的转盘可以把渔线从深海里收回来——当然希望有大丰收，捕获尽可能多的金枪鱼。

万工越对自己的成绩很满意，这几年他赚的钱足够再买一艘船、再雇一批船员了。可是他对未来却很担心，他认为："10年来，金枪鱼的数量下降了四成。"他把一部分责任推到了围网渔船上，这种围网渔船连很小的鲣鱼和未成年的黄鳍金枪鱼、大目金枪鱼都不放过。不过，主要责任还在于越来越多的延绳钓渔船队。平定渔场的一位老渔民告诉我，20世纪70年代的时候，这里只有5艘延绳钓渔船，现在已经超过了600艘。

另一位延绳钓渔船的船长对我说，他以前出一次海，只需六七天就能有足够生活的收获,可现在出海一次要1个月才行。这就意味着要消耗更多燃料，而且捕到的鱼也没有从前质量好了，价钱最低的时候只有原先的三成。收入减少了一大截，支出却增加了。经济压力迫使他去捕捞更多的鱼。延绳钓渔船的渔民就这样陷入了不断掠夺、不断减产的恶性循环当中。

面临渔船数量增多和产量减少双重压力的不仅仅是外海船队，小型的沿海渔船也遇到了同样问题——甚至更糟。有位小船船主告诉我，鱼群数量在下降，有些品种已经消失多年。他认为沿海捕鱼10年内就没戏了。"之后怎么办呢？我们靠什么生活呢？"他问。

最珍贵的鱼类品种已经被捕光了，沿海渔船靠岸时带回来的都是"垃圾鱼"。这个词一听就是人没法吃的鱼——不过倒是可以喂猪、鸡以及人工饲养的龙虾和小虾，也就只能卖作这些用途了。虽然没有十分可靠的数据，但是据说亚洲捕捞的鱼有四分之一都是这类的。最终，我们吃到的就是这些"垃圾鱼"喂养出来的虎虾、明虾和鲶鱼（有时也叫河鲶），还有鸡和猪。

没人搞得清楚各种来源的"垃圾鱼"里面到底有什么，不过肯定包括不少本来可以长大、极具经济价值的大鱼鱼苗。有些用来喂虾的鱼甚至属于濒危品种。照这样子继续戕害小鱼苗的话，鱼群的未来将会如何是不言而喻的。

在平定，人们讨论、尝试、改进和实践着任何能想到的可以增加捕鱼量的方法。在当地，约有4.6万人直接从事捕鱼工作，而从事相关加工和销售的人就更多了。当然，渔业的繁荣（占了平定GDP的四分之一），对整个地区的经济都是有重大影响的。大街上挤满了各种品牌的摩托车、电动车，各式各样的手机、电脑等数码产品被销售了出去。人们买得起这些产品，全靠大海的生产力。

近年来，我们对于野生鱼类带来的经济收益有了更深刻的理解。可是，我们对于这些产自大自然、有巨大经济价值的野生海洋动物也需要呵护才能维持产量的道理却不甚明了，束手无策。并不是说海洋里有了足够多的海藻，生态系统就能自动生产出这些不可或缺的银白色生物。海洋生态体系还需要很多其他因素来支撑野生鱼类的数量。

通晓这些基本道理的，正是那些出海捕鱼的人们。平定的渔民给我讲过当地特有的生态体系是如何支撑他们的生活的。一位年轻的渔民表达了对拖船破坏当地珊瑚礁的担心。“沿海的珊瑚礁区域是小鱼的栖息地，可就连那里也有人打渔，”他哀叹道，“真的需要好好教育一下渔民了。”

可是，需要补上破坏天然海洋系统会带来什么后果一课的，不只是发展中国家。

海底森林

狭长坚韧的海带也是一种海藻，跟那些漂浮在海面的微小单细胞海藻是一样的东西，只不过在体积上是另一个极端。加利福尼亚的大海带可以长到30米，充满空气的细胞令长长的叶子能够漂浮起来，尽量靠近海面以吸收成长需要的阳光。

海带一般生长在岩石嶙峋的海底，密密麻麻，让人一看以为这里是海底森林。就像陆地上的森林一样，对于海底各式各样的动物来说，海带森林发挥着举足轻重的作用。很多鱼类，包括经济价值巨大的鱼类，都把这里当作托儿所。你绝对想不到的是，这一栖息地的存在竟然有赖于一种哺乳动物——海獭。海獭是海洋中唯一不需要靠厚厚的脂肪来保暖的哺乳动物，因为它们有一层厚厚的毛皮——这是为了在海洋中生存而获得的成功进化，可却也因此导致了种族的灭绝。海獭曾经遍布整个北太平洋沿岸，从日本一直到加利福尼亚都可以找到它们的踪迹。可是在 18—19 世纪，盛极一时的毛皮贸易几乎令海獭消失殆尽。到了 20 世纪，人们才终于建立了保护措施。目前，海獭数量正在缓慢回升。

尽管穿着厚厚的外套，海獭还是需要靠大吃特吃来维持新陈代谢、保持体温。每天，它们要吃掉大量的海胆、螃蟹和其他水生物，这些食物加起来差不多是自身体重的四分之一。海獭快要绝迹的那段时间，海带森林里没有了大胃王，结果导致没有天敌的海胆数量急剧上升。极端情况下，海獭的缺失会造成所谓“海胆荒原”——被海胆吃得光秃秃的只剩石头的海底。海胆强壮的下颌和尖利的牙齿能消灭任何海带的枝干和叶子，甚至包括黏附在海底的任何无脊椎动物，比如海绵和变色管虫等。海带被吃光了，鱼苗们的栖息地也就没有了。

海胆不仅仅给美洲海岸带来问题。我带着我的另一个孩子山姆到特内里费岛去潜水，那次行程是由一家叫作海洋梦工厂的公司安排的。大卫・诺维洛（这家公司的创始人）除了带游客潜水看海洋生物外，还发起了一场声势浩大的消灭海胆的运动。海胆在这个岛周围的海底产生了大量的排泄物，因为以这些排泄物为食的鱼类已经因过度捕捞而被消灭得差不多了，所以大卫和他的潜水队员们花了很多时间来消除海胆。在一片经过他们艰苦工作的海域，水下生态系统已经恢复了。海底重新被海草覆盖，绿色的海龟游嬉其中。我和山姆就跟一只海龟游了很久。

海带森林和海草的恢复，让我们看到了海洋自然环境可以被修复的希望，不过，我们应该以非常谨慎的态度来看待这一希望。有时候，就跟在陆地上一样，我们对生态系统的影响并不是那么容易反转的。很可能环境一旦改变，就永远回不到原来的状态了，哪怕当初导致这一变化的原因已经被彻底消除。纽芬兰沿海大浅滩的鳕鱼渔场就是这么一个例子。

这里的鳕鱼数量一度多得惊人。意大利航海家约翰·卡伯特在 1497 年的一份报告中说，海中“游弋成群的鱼儿，不用渔网，哪怕在篮子上吊块石头沉下去都能捞起鱼来”。还有报告说，那里的鳕鱼长得有一人多长。毫不意外，这些体型巨大、高产的鱼群自然成为几百年来人们猎杀的目标。1992 年这一“富矿”突然之间中断了。经过几百年的捕捞，鱼群终于陷入了危机。人们不得不颁布禁渔令，一直持续至今。

可是，为什么 20 多年过去了，鱼群还是不能得到恢复？确切缘由不得而知。不过有一点很明显，那就是海洋生态系统发生了变化，这是目前最有可能妨碍鳕鱼数量回升的原因。鳕鱼和海洋生态系统之间曾经的动态关系是维持其数量的关键，而这种动态关系早已不复存在了。有人认为数量巨大的格陵兰海豹（竖琴海豹）也是妨碍鳕鱼群恢复的原因，也有人指出龙虾数量剧增对此也有影响。龙虾本是鳕鱼的食物，鳕鱼数量一下降，龙虾数量就上升。龙虾会吃掉鳕鱼产的卵，导致鳕鱼数量无法恢复。

不管鳕鱼未能恢复的原因是什么，重要的是要记住，鳕鱼数量的减少导致了 2 万个工作机会的消失，纽芬兰的经济也随之一蹶不振。这样看来，就已经不是鱼群什么时候恢复的问题了，而是恐怕永远无法恢复了。

目前，全世界三分之一的渔场捕捞量都超过了最大极限，有的甚至已经崩溃了，还有一半已经处于产能的极限。很多渔场都没有有效的规则和管理制度，过度捕捞的恶果很快就会显现出来。不管是已经崩溃的，还是即将崩溃的，无节制的捕捞都只会使得情形更加糟糕。

卡勒姆·罗伯茨是约克大学的生物学家，他花了很多时间来研究和思考海洋的状况以及我们对它的影响。他从历史发展的角度给我解释了一下目前的状况："20 世纪初，人类捕鱼的足迹开始从传统的渔场扩散到外海。到 20 世纪末，又从沿海扩展到远洋，从浅海扩展到深海。老品种衰败了，人们就拿新品种补上。几十年来，鱼的价格一直跑在通货膨胀的前面，维持渔业产量的成本和难度都越来越高。20 世纪最后 30 年，发达国家已经捞完了自己的鱼，于是转向发展中国家。"

因为人口数量的上升，对蛋白质的需求高涨，罗伯茨认为渔业产量的压力短时间内根本不可能下降。这会带来一系列后果："要是我们继续像 20 世纪那样，对海洋需索无度，那么过度捕捞会进一步令世界上所有的大鱼数量降低。它们有的灭绝，有的则会因为数量太少，无法在生态系统中承担起相应的角色。随着大鱼的消失，人们会不断地从像鳕鱼这样的大家伙转向食物链上更低级的动物，比如大虾和凤尾鱼等。然后，大虾和凤尾鱼也因过度捕捞而数量大减。人们就会继续寻找新的海洋产品来源，比如南极磷虾。那些品种必须经过加工才能看起来像可口的食物，比如鱼饼或鱼条。"

面对野生渔场的一步步崩溃，有人提倡人工养殖，认为这是一种合理的解决方案，这也的确是不得已的措施之一。到目前为止，人工养殖鱼的产量已经超过了野生捕捞，可是这并不能减少人们对海洋生态系统的依赖。至少有一点，用来喂养人工养殖鱼的小鱼还是海洋野生的。

人工养殖中也已经实现了部分喂养植物饲料，比如说越南的鲇和苏格兰的三文鱼，可是与海洋的联系仍然存在，而且千万别忘了养殖鱼也需要照料、喂养，这也是有成本的。此外，野生鱼可以自生自长，不花一分钱——靠光合作用维持的食物链能制造出价值数以千亿计的GDP，还能为我们提供无数的工作机会和免费的食物（除了捕捞它们所消耗的燃料及装备费用）。

年年有鱼

世界银行一份名为《水底的亿万宝藏》的报告令人们更加坚定了要保护野生鱼类数量的决心。我们也看到了一些令人欣慰的迹象——过度捕捞已经被禁止，退化的渔场在慢慢恢复，而且已经开始显现出其经济价值。各地情况虽有差异，但有很多方法和工具可以用来提高渔场的远期产量。只要下定决心改变现状，总能有意想不到的成就。

拿北太平洋的大比目鱼渔场来说，人们拿出了渔场年收入的3%来改革作业方式，提高产量。结果捕鱼收入从每年5000万美元上升到2.45亿美元——增长了390%。不论用什么标准来衡量，这都是回报丰厚的投资。

在新西兰，人们投入了2500万美元来改善渔场管理，收获是全国渔场产值从15.7亿美元增长到了23亿美元——增幅为46.5%。挪威花了大约9000万美元改良渔场，包括颁布禁令，严禁抛弃已经捕获的鱼等。鱼群数量渐渐回升，每年的产值从3.74亿增长到了5.46亿美元。

分析一下改善渔场管理可能带来的潜在经济价值，就会发现其中有很多机会。比如，把现在一团糟的大西洋东北部蓝鳍金枪鱼渔场好好规整一下，每年的产值可能会达到5.1亿美元。

在发展中国家也是一样。几位开拓者的成绩给了我们一个乐观的展望。纳米比亚建立了一套有效的船只监控系统，大幅减少了非法捕鱼活动，让鱼群数量得以逐渐恢复。捕捞产量已经增长了三倍；纳米比亚整个国家的发展也因此大受裨益，渔业对国民经济的贡献从每年 9800 万美元提升到了 3.72 亿美元。

在越南槟知，当地人投入了一些钱，在蚌蛤渔场上设立一套社区管理规则。经过资源管理的转换期后，现在蚌蛤能够养活 13000 户渔民，而 2007 年这一数量仅为 9000 户。

鱼群数量的增加会带来更多的经济机遇。例如，一项研究结果表明，如果人们能够对孟加拉国的鲥鱼渔场施以更好的管理，每年产值的增量可以高达 2.6 亿美元。

以上案例，以及其他渔场改革的成功案例，背后都有经济刺激的支持。例如，赋予渔民财产权，从而结束“公地悲剧”[1] 以及没人有动力去保护资源的情形。有了某片海域的财产权，渔民们就不会总想着趁下一条渔船来之前把里面的鱼儿捞光，从而杜绝粗暴残忍、竭泽而渔的捕鱼方式。

动用经济手段改善渔场的方式有很多，不仅仅是通过改变津贴补助的方式，可是世界上很多地方却存在拿公共资金助长过度捕捞的情况，比如有些资助会令渔船队伍过分庞大。全球每年导致鱼群遭到破坏的活动的补助金高达 160 亿美元，很多发达国家在这类补助上的投入是保护海洋的投入的两倍。要改变这一局面，必须要转变经济观念，让那些维护自然及其产量的行为能够得到奖励，同时逐步停止对鱼群破坏行为的支持。

有些渔场已经有了更好的管理，形成了一套认证和标准体系。海洋管理委员会（MSC）负责认证捕捞的最低标准。我在越南碰到的很多渔民就想把捕捞到的金枪鱼拿去认证。但想要得到认证，需要做大量的工作，要改变生产方式，可渔民们还是愿意踏上这条漫长的认证之路。前面我们遇到的延绳

1 这是一种涉及个人利益与公共利益对资源分配有所冲突的社会陷阱。这个理论就是亚里士多德说过的：“那由最大人数所共享的事物，却只得到最少的照顾。”——译者注

钓渔船船长万工越已经把“J”字形鱼钩换成了“C”字形鱼钩，这样可以防止意外钩住濒临灭绝的海龟。

金枪鱼的捕捞也有了更好的规则。国际海产品可持续发展基金会（ISSF）建议渔业加工企业只收购认证渔船捕捞的金枪鱼，这样做能阻止非法捕捞的鱼进入市场，也能提高合法捕捞船的经济收入。

金枪鱼行业正需要这样的规则——还有其他措施——因为其中蕴含着巨大的经济利益。2012 年，东京水产市场上一条蓝鳍金枪鱼售价高达 75 万美元——每公斤单价 2737 美元——比 2011 年的价格翻了一番。

金枪鱼的处境尤其危险，有些品种已经消失了，还有很多濒临灭绝。“那条金枪鱼就是个怪物，重达 269 公斤，被一家高端餐馆和寿司连锁店买走了。”如此高昂的价格，也反映了这一品种的金枪鱼越来越罕见了。不过，如果能用这些珍贵品种售出的高价为可持续发展提供动力，兴许还能维持这些饱受追捕的海洋捕猎者的长期供应。

近年来，我们对保护海洋的（有限）关注都集中在了对鱼类的保护上。这很自然，毕竟鱼类是我们的食物，具有显而易见的经济价值。可是，从更大范围来看，海洋提供给我们的不仅仅是鱼类，在其他方面的价值也是巨大的。

数以万亿计的细微颗石藻组成了挪威海岸边的羽毛状云团

Chapter 8 | 海洋星球

> 21 万亿美元 —— 海洋每年提供的经济价值
>
> 超过 50% —— 的氧气是由海藻制造的
>
> 99% —— 的生存空间在海洋中

对于在陆地上生活、呼吸空气的动物来说，当然首先是从陆地环境的视角来观察这个世界的。可是，就连小孩都知道，海水覆盖了这个星球的大部分表面。两个世界，水世界和空气世界，二者有着根本的不同。在陆地上，大自然是从底下的土壤开始起作用的；而在海洋中，则是从上到下产生影响的。海洋世界的复杂食物链是基于大鱼吃小鱼、小鱼吃虾米的原则，最后一直吃到漂浮在阳光灿烂的海洋表面、靠太阳能生产出来的海藻。

水的密度比空气大得多，因此，它能支撑更大的生物在里面活动。在空气中，只有极少数的鸟儿是靠吃稀稀疏疏飘浮在空中的蚜虫和其他微小昆虫为生的，比如雨燕等。而在海水中，动物不仅生活在初始生产活动活跃的表层水面，而且从海面一直到海底深处都活跃着各种动物。有的地方是在离海面非常遥远的海底深处，其深度有时比从海平面到最高的山峰的高度要大得多。只有为数不多的人深入过海浪以下非常遥远、又黑又冷的陌生世界，塞巴斯蒂安·特罗恩就是其中的一个。

特罗恩是瑞典人，在波罗的海边长大。他从小就对海洋非常痴迷，最终成了一位海洋生物学家。他在很多组织中担任了各种职务，目前他在国际保护组织（CI）负责一个全球项目，该项目旨在更加合理地利用海洋。该组织有位支持者在洪都拉斯的海湾群岛有一艘自己建造的潜艇，专门在罗阿坦岛进行深潜活动。这个岛旁边就是很深的海洋，而且没有洋流，是很好的潜水地。

特罗恩就坐着这只小艇深入海底，那里没有光，海水的压力会瞬间压扁任何要呼吸空气的动物。他跟我讲了潜入深海的情形：

“潜艇里面又闷又热，气温高达 30 ℃。我们是被一条旅游船拖着走的。到达指定位置后，我们就盖上盖子，开始下潜，整个过程缓慢而安静。最先消失的是红光，在大概 100 英尺深处，所有红色的东西看上去都是黑的。然后光线越来越暗，到了 300 英尺的时候，舱内看上去灰蒙蒙的。到了 700 英尺的时候，舱内一片漆黑。到了 2000 英尺的时候，我们触底了。越往下越凉，我们尽量不触碰旁边的东西，因为它们上面都是冷凝的水珠。要是你有幽闭空间恐惧症，绝对不要做此尝试。

“我们开着潜艇在海底转了几个地方，都是人类从来没有到过的。我们看到了半透明的鱼，6 英尺长的荧光动物，巨大的水母和深海珊瑚等。

“这里真是别有洞天。有的地方满是沙子，上面爬满了海胆，几只大龙虾穿行其间。我们又到了一片岩石嶙峋的地方，看到一只海团扇。因为海底营养物质少，这些动物生长非常缓慢，有些可能都超过 500 岁了，当年哥伦布刚到加勒比海的时候，它们就已经生活在那儿了。这里有海星、小鱼和螃蟹，小家伙们都生活在海团扇这个丰富的生态系统内。

“2000 英尺给人的感觉就已经很深了，可是却只是海洋平均深度的六分之一而已。深入这样的腹地让我意识到，其实这个星球上生物能够生存的绝大部分空间都是这样的，黑漆漆一片，压强极大。只是几乎没有人有机会看到而已。”

特罗恩告诉我，海洋宽广深沉，覆盖了地球的大部分表面，占据了地球上生存空间的99%。在这个恢宏的体系内，大自然进行着各种纷繁复杂的生命过程，包括一些极大影响地球碳循环的生命过程。

海洋就是块吸碳的大海绵

在第六章提到过的颗石藻，就是那种能释放二甲硫醚产生硫酸盐粒子帮助形成云团的微细海藻，竟然也在地球碳循环过程中扮演了重要角色。这些细微的单细胞海藻，被包裹在貌似汽车轮毂罩的小圆片组成的精巧的碳酸钙笼子里。

这些藻类非常细微，得用电子显微镜才能看到，可它们的数量巨大，足以改变我们的世界。当碳被锁进这个精巧的圆壳之后，就意味着它们不能跟大气中的氧气结合形成温室气体——二氧化碳。

颗石藻死后，带着锁定的碳一起沉入海底。经过几百万年的积累，海底就有了一层白垩和石灰岩。这就是决定地球古代气候的主要因素，直到今天也仍然非常重要。全球一半的二氧化碳是由包括颗石藻在内的海洋里的有机物通过光合作用分解掉的。

可是，这些海藻现在却面临着巨大的危险，因为海洋受大气中二氧化碳浓度越来越大的影响而变得越来越酸。空气中的二氧化碳多了，融入海水中的也就多了，导致了海洋环境中的碳酸增加。卡罗尔·特利博士是来自英格兰西南部普利茅斯海洋实验室的著名海洋科学家，和很多其他海洋研究人员一样，她对海洋慢慢变酸也非常担忧。她把海洋的酸化称作“另一个二氧化碳问题”。她指出，自从两百多年前的工业革命之初到现在，海洋吸收了人类排放的二氧化碳总量的约30%。

这就使得海水变得越来越酸，并影响海洋中碳循环的每一个步骤，包括碳离子的浓度变化。要是这一情形继续下去，不仅会影响贝类和牡蛎类动物的生长，而且会对珊瑚礁的形成产生不良后果。越来越高的酸度也会影响有机物的生理机能。人类活动排放的二氧化碳越多，海洋酸度就会越高，海水对毫无保护的动物贝壳腐蚀性就越大。

这一变化是全球性的，不过因为冷水比热水吸收的二氧化碳更多，海水的酸化在南北极会更快一些，预计 10~20 年内就会有明显的化学变化。到 21 世纪中期，热带地区也会受到严重的生态冲击，严重到珊瑚礁的生长速度低于自然腐蚀的速度。我们这一代人很可能就要亲历这些灾难性的变化。

让人惊讶的是，这类深刻的变化在地球上并非没有先例。这种水平的海水酸度变化以前也曾经发生过，而且还不止一次。特利说史前海洋学家认为，上一次类似的事件发生在 5500 万年前。那一次，海水变酸的过程持续了几千年。而今，这一过程仅仅在几百年内就完成了。“我们现在所干的事儿在这个星球上是史无前例的，”她说：“不过，我们是可以阻止它发生的”。

特利的研究不仅揭示了海水变酸的后果，还揭示了另外两个导致如此巨变的原因。

一是温室气体增加导致全球变暖，造成海水表面温度的缓慢上升。当你加热液体的表面时，液体就会产生分层，就像夏天去海里游泳会感觉到上面的水比下面的水要暖和一样。水分层以后，下面较冷的水得到的营养成分就会更少，反过来就会影响海洋的生产力，最终当然会对食物链和渔业产生重大冲击。

这种冲击的后果其实已经很明显了，最近加勒比海南部沙丁鱼数量的骤减就是一个明证。在那里，沙丁鱼的捕获量从 2004 年的 20 万吨降到了目前的 4 万吨，原因可能就是水藻减少了，而水藻减少又是海水变暖导致表层水域营养物的降低造成的。

二是跟海洋表面变暖直接相关。海水表面温度升高导致海水含氧量减少，液体加热的时候，气体就会挥发，这样水中的含氧量自然就会减少。因为绝大部分的动物都需要氧气，氧气减少得太多，就会危及生命。

特利指出，人们最担心的不只是这些变化本身，牵一发而动全身，他说："科学家们还在专门研究这个或那个危机的时候，海洋的很多区域正同时遭受两三种危机的祸害。要是三种变化同时发生，就会导致重大改变。不幸的是，在一些热点地区，往往是三种变化同时发生，而这些区域，往往也是曾经渔业产量最高的地方。"

说到颗石藻，实验表明，这种有机物对海水的酸度变化非常敏感，只是有些品种对环境酸度的轻微增加有一定的适应性。即便如此，海水酸化仍然是个重大的生态变化，可能导致海洋乃至更高一层的地球体系发生无法预见的改变。即使不考虑温室气体对全球气候的影响，防止海水酸化、冷热层次化和含氧量的降低，也是我们应该大力投资、尽快减少二氧化碳排放量的最好理由。

除了无数漂浮在海水中的微细植物，还有很多种沿海生物体系也能大规模分解和储存碳。其中有长在热带海边浅水区纠缠勾连的红树林、盐沼和海草丛等。虽然这些生态系统只占了海洋面积的0.5%，却在消除大气中二氧化碳的排行榜上名列前茅。这些栖息地也是重要的鱼类托儿所，是很多地方海岸保护的重点。

可是它们消失的速度比地球上任何其他生态系统都要快，越南沿海红树林的遭遇就是一个例子。这里的天然海岸都被清理出来，变成能够产生直接经济利益的活动场所。而这一遭遇也绝非仅有，北美和欧洲几十年前甚至几百年前就已经把大量天然海岸改作他用了，世界各地也都争先恐后地跟进。有些海岸生态系统正在以每年7%的速度迅速消失，照这样下去，用不了几年就再也没有所谓的天然海岸了。

相反，如果我们采取有效行动来阻止海岸退化，开始恢复这些储碳量极高的生态体系（所谓“蓝碳”），此举就能回收当前为了稳定大气中二氧化碳含量所需要回收的碳总量的十分之一。这可是个非常惊人的数字，足以体现沿海区域的经济价值——这些地方长期以来都被看作毫无生产力的荒地，就像是只有把它们变成港口、种上作物、养虾，甚至是砍光了做燃料才有价值。

二氧化碳被细微的海洋植物吸收之后，变成碳水化合物或者更复杂的复合分子，同时释放出副产品——氧气。再吸一口气，这口吸入的气中氧气的一半可能都是那些微小的海洋生物制造出来的。其中也包括那种能聚云成雨的海藻，它们漂浮在海洋表面，不仅能帮助降低大气中二氧化碳的浓度，还能提升氧气的含量。要准确测算出海洋植物海藻到底制造了多少氧气可不是件容易的事，粗略估计应该是地球上所有氧气的 50%~85%。

海洋为这个星球提供的基本服务无疑有着巨大的经济价值。一项研究表明，大自然为人类经济创造的总价值中，60%~70% 都来自海洋，而其中尤其以沿海生态系统为主。

准确一点说，在大自然为我们创造的经济价值中，海洋贡献了 63%。把这一比例跟一项被广为引用的大自然体系总估价联系起来，海洋每年创造的经济价值可以估算为 21 万亿美元。这个大自然体系总估价是俄勒冈大学罗伯特·科斯坦萨教授 1997 年的一项突破性研究的成果。

和很多此类估算数据一样，科斯坦萨的研究结果也遭到很多质疑。不过，这里的重点不是具体数字，而是其巨大的价值。必须看到，是海洋带给我们绝大部分的降水，它吸收了我们人类制造的三分之一的二氧化碳，生产了大部分人类赖以生存的氧气。这还没算它每天为我们供应的营养美味的鱼肉。

长触角的骑士

我们对于大自然的福荫到底有多不屑，从我们一直把这个无价之宝当作垃圾场就能看出来了。远离大陆的北太平洋深处就有一个活生生的证据。当我们乘船进入这片广阔水域的中央区域时，展现在我们眼前的完全是一锅塑料粥。这里漂浮着无边无际的塑料垃圾，面积足有两个得克萨斯州大——而且还在不停扩大。

这片塑料废品区在海洋涡流的盘旋下，从加利福尼亚海岸以西 900 公里处开始，白茫茫地漫过了夏威夷群岛，几乎一直延伸到日本，估计这些漂浮垃圾总重量超过 1 亿吨，其中的五分之一大概是从各种轮船和石油钻井平台上掉下来的，其余的则来自陆地。玩具积木、足球、酸奶罐子、皮筏子、汽车部件、塑料袋子、瓶子等，各式各样现代生活的塑料制品都聚集到了海洋中。这样超大规模的塑料垃圾漂浮团还不止一个，大西洋的马尾藻海也有一个，还有一个巨大的垃圾漂浮团在孟加拉湾。

这类规模宏大几乎无法摧毁的垃圾漂浮团就是全世界把海洋当作垃圾场的铁证，随着越来越多塑料制品被制造出来、销售出去，最后被遗弃，更多的垃圾将会出现在遥远的海洋中央。

乔・罗伊尔是名船长兼水手，虽然只有 30 多岁，却一直都以海洋为伴。她的大部分时间是在远离大陆的海洋上度过的，如参加各种航海赛事或者海上远征。她对海洋中塑料制品垃圾场的规模有切身体会，她非常清楚人们在岸上的所作所为是如何影响海洋的。

“以前在海上，”她对我说，“穿过一大片塑料垃圾的时候，我就会想：‘天哪，肯定是一艘大船过去，扔下了一堆的垃圾。’看到远离大陆，曾经纯净的大海被污染成这样，真的好难过。不过我很快就发现，这么多垃圾不可能是从一艘船上扔下来的，它们是从大陆上飘过来的。”

她接着说，“你在伦敦超市里看到购物袋被风吹到了停车场，然后又落入下水道里，然后再冲到河里，最终汇入已经漂浮在那里的一大片海洋垃圾场里。每个海洋都有自己的洋流，它们经过大陆时就会把这些垃圾带离沿海，就像马桶里的涡流一样，不同的是这里的水永远也不会被冲走，只会把这片塑料垃圾场转得越来越圆而已。这些塑料制品永远也不会‘消失’。”

而在遥远的大陆上，我们对这些海上塑料眼不见心不烦。悲剧的是，海上垃圾会产生严重而且影响广泛的后果。最直接的是，很多海鸟和海龟会把垃圾误当作食物吞下去。2006 年联合国环境规划署的一项研究估计，每年至少有 100 万只海鸟和 10 万只海洋哺乳动物因此丧命。同一份研究还认定，平均每平方公里的海面上漂浮着近 5 万件塑料垃圾。

比伤害野生动物更糟糕的是，这些塑料慢慢会碎裂，那么，每平方公里的 5 万件垃圾慢慢变成了几十亿块更小的碎片。等到它们变成了细小的颗粒（主要是被太阳晒的，也绝对不会消失），它们只会变得越来越小，就像石头经过风化变成沙子一样，然后就会跟那些漂浮在水里的海藻一起被动物吞下去。一旦塑料进入了食物链的底层，就会随着小动物被大动物吃掉而一步步进入食物链高层。随着时间推移，这些小粒子——在海洋里不断积累，形成一个定时炸弹——进入海藻内，进而进入其他海洋生物体内。这一点实在令人担忧，这已经不仅仅是因为塑料“沙子”会集聚各种化学物然后又被动物吞食的问题。

一整块塑料板破裂成上百万颗塑料微粒后，其黏附面积加起来比一整块的大多了。这些小东西就像毒药磁石一样吸附着海洋里的各种工业污染和化学物质，比如多氯联苯（PCB）和滴滴涕（DDT）等。这些有毒化学物质不易溶于水，却易跟油性物质（比如塑料）黏合在一起。这样，毒物就会附在塑料上，而且浓度越来越高，有时可能高出周围海水的 100 万倍。一旦有动物吃下这样的粒子，有毒化学物质就会进入它的身体。这类有毒化学物质的累积，已经改变了旗鱼的荷尔蒙系统——而我们，无疑就在食物链的下一环。

塑料垃圾还会危及海洋食物链的基石——海藻，对碳循环造成破坏。我们扔进海里的垃圾会从各个方面来破坏海洋为我们提供的服务，终将造成巨大的经济损失。

我们扔进海洋里的当然不只是塑料，陆地上的农药和生活废水也源源不断地流入大海。正是这些废物促成了第二章里提到的所谓死亡区域。

在过度捕捞、废物污染、海水酸化和气候变化的多重打击下，海洋体系发生明显变化也就在意料之中了。水手乔·罗伊尔注意到海里的水母越来越多了。“有时候那场景真是令人震惊，”她说，“比如，在地中海和英格兰北岸都有。”

能吃水母的鱼儿和其他猎食者越来越少，这些水母就越长越大，产卵越来越多，这就引起了食物链的变化。因为水母吞噬了大量海藻，挤压了小鱼的食物来源，这些水母还吃掉了大量鱼卵，进一步造成鱼群数量难以恢复。这一过程中，海水变暖也起到了火上浇油的作用。

有研究表明，每年约有 2000 种水母会提前出现，而且它们的繁殖越来越快。有些热带品种也开始扩大活动范围。同时，河流带来的污染物降低了海水含氧量，伤害了鱼类，可水母却因此欣欣向荣。

这一情况带来的不仅是麻烦，还有巨大的经济损失，尤其对旅游业来说。要是海洋因为水母太多而不能安全利用，会产生一系列严重的问题，对于很多本来就已经受其他因素影响而商业萎缩的地区来说，更是雪上加霜。

水母横行还带来了其他方面的影响。地中海岸边，以色列特拉维夫以北有一个很大的煤电厂，这个厂的独特之处在于，没有高大的水泥冷却塔，因为引入了海水降温。高高的烟囱里，冒出的是煤炭燃烧后排放出的淡黄色烟雾。燃烧产生的热量将水变成水蒸气，推动涡轮转动，发电供给以色列越来越缺电的城市。这家煤电厂也给隔壁的海水淡化处理厂供应电力。

对于以色列飞速增长的经济来说，这些基础设施发挥着举足轻重的作用，可是海洋中的变化开始让它们战栗了。我跟以色列自然和公园管理局的首席海洋生态学家鲁斯·雅贝尔博士一起去了那里的海滩，她告诉我，近 30 多年来，当地沿海的海水温度已经上升了 4 ℃。过度捕捞令海洋中的猎食者数量急剧下降，同时，农业活动排放的大量营养物质和污染物不断累增。

在这迅速变化的生态系统中，非本地水母又大举入侵。它们通过附近的苏伊士运河沿着红海从印度洋远道而来。这些外来的水母到了新环境之后数量暴增，有的漂浮面积已经达到 100 公里长、2 公里宽。成千上万的水母涌入了电厂和海水淡化厂的进水管，给生产造成了巨大危机。

同样的问题也发生在了日本沿岸营养丰富的水域里，那里的水母长到了冰箱那么大。2006 年，一大堆水母涌进了一座核电厂的冷却系统，导致电力生产被迫中断。

水母最早出现在震旦纪，那时地球上的生命形式还很简单，没有现在这么丰富。这些柔软富有弹性的生物，从地球上五次大规模物种毁灭中幸存了下来。在目前被某些科学家称作的第六次大毁灭——我们自己的毁灭——开始之际，它们又开始数量大增，有的地方甚至是爆炸式增长。

我在布拉齐纳峡谷——位于澳大利亚的弗林德斯山脉——见到的前寒武纪时代的化石，向我们讲述了这类动物跟当时地球上少数多细胞动物一起生活的状况。那些化石和它们现在活着的子孙可能是在警告我们，生命不是静态的。生命在不断变化，给大自然系统施加的任何压力，都会产生相应的生态后果。也许，我们今天的所作所为就是在帮助创造当年这些生物刚产生时的条件：一个只有少数生物品种的简单世界。也许我们应当牢记这种古老生物发出的警告。难道这无数的水母就是长着触角的在向我们传递生态大灾难启示的骑士？我真心希望不是。可是，如果完全忽略这个标志着海洋正发生剧变的信号，那真是愚蠢得不可救药了。

600 年的遗产

不管我们选择如何看待海洋体系的变化趋势，说海洋的保护还处于起步阶段应该还算公允。忽视海洋生态体系的一个标志就是，虽然陆地上已经有大约 13% 的面积被列入了自然保护区，受到此等保护的海洋面积却连 1% 都不到，而且全都在沿海区域。当然，这种情况也正在发生变化，可是即使各国完全实现既定目标，到近年也只有不到 10% 的海洋得到保护。与海洋系统的巨变相比，这一切无异于杯水车薪。

要想维持人类从海洋获得福利的现状，那么（首先）就得恢复和保持海岸向海洋的自然延伸,减少二氧化碳排放,降低陆地上的活动对海洋的污染（包括农业生产中的肥料排放），大规模遏制塑料制品对海洋的污染。如果我们能找到体现海洋巨大经济价值的更佳方式，那要做到以上这些事情可能就会容易多了。

不过，无论从何种角度看待这些困难，一些基本的转变是必需的，包括消费产品的设计、使用和处理等。乔·罗伊尔指着一个塑料饮料瓶对我说："我们使用它可能不过两分钟，可是在海里，大自然却要花 600 年时间才能慢慢把它分解掉。"她拿起我的手机，指出里面有十几种不同的塑料，所以非常难以再循环利用。她说："我觉得，这不是是否要用塑料的问题，而是如何更好地利用塑料的问题。"

至于海水慢慢变酸和水温逐渐上升的问题，也有一些简单明了的办法。首先就是减少化石能源的使用；其次是停止破坏泥炭沼、森林和其他能够大量吸收碳的自然体系，包括沿海湿地和红树林，它们都是巨大的碳泵。

说到所有生态体系的总和，还有一个要把它们看作巨大财富的很好理由，也许生活在新奥尔良的人们能告诉你其中的原因。

伯利兹海岸狭长的珊瑚礁及紧邻的红树林

Chapter 9 自然财产保险

810 亿美元——2005 年卡特里娜飓风造成的损失

25%——伯利兹 GDP 中，珊瑚礁和红树林贡献的比率

20 万 ~90 万美元——每平方公里红树林的价值

2005年9月1日，我躺在夏末阳光下伦敦公园的草地上，在我旁边的是牛津饥荒救济委员会的主任芭芭拉·斯托金。因为我们对气候变化——更重要的是相关应对措施的共同兴趣，所以聚在了一起。芭芭拉所供职的机构对此感兴趣，是因为穷人的生活尤其受到气候变化的影响。我当时的身份是地球之友的负责人，地球之友关心的就是气候剧变引起的生态变化。

在公园里，就在伦敦之眼巨大的摩天轮下面，我们几百人一起用身体组成了一个旋转的天气形状——飓风的样子。我们这样做的目的，是要发起一个叫作“阻止气候混乱”的运动。这个活动图形是一个旋转的风暴，意图是想让人们明白，大气中温室气体的增加必然会带来更多的极端天气，大家必须减少导致气候变化的污染。

为了这个运动和这次聚会，我们筹备了数月之久。没想到的是，我们早就选中并且在公园草地上展示的这个飓风符号竟然被不幸言中。就在我们聚

会的前两天，卡特里娜飓风在美国密西西比州和路易斯安那州登陆，令新奥尔良市遭受了飓风可能带来的最严重后果。

卡特里娜飓风造成的破坏众所周知，这个五级飓风[1]带来的风暴（把海面提高了8米多）跨越了新奥尔良的防洪堤，淹没了市区80%的面积。

接下来的情景惨不忍睹。成千上万的人被迫住进了当地的圆顶体育馆，大部分人没有食物没有水，抢劫和无政府状态让这个城市雪上加霜。联邦政府反应表现出来的迟钝、低效，向人们宣告：哪怕是在美国——世界上最强的经济体——极端气候也会导致混乱和危机。

不可否认，防洪堤失效是这场史无前例的大灾难的主要原因，可批评者在寻找工程方面的人为因素指责政府工作不力时，往往忽略了大自然在其中扮演的重要角色，或者更准确地说，是大自然在其中未能承担起的角色。

哈桑·S.马史瑞奇教授是一个抛开一般理由寻求特别答案的人，他是路易斯安那州立大学的工程师。他带着一群同事查看了卡特里娜飓风以及随后的丽塔飓风造成的灾害现场，三周后，丽塔飓风再次侵袭了美国南部沿海，在卡特里娜飓风的破坏中心以西475公里处，路易斯安那州和得克萨斯州交界处又遭遇了一次大破坏。

研究人员不仅从人工防御方面，也从其登陆自然海岸形态上分析了两次飓风的破坏。队员们准确地标出两次风暴的路线，以及它们卷起的海浪高度。他们用计算机建数学模型来评估沿海湿地对洪水泛滥的影响。

卡特里娜飓风所经过的沿海区域，在20世纪20年代中期是一片盐水沼泽和淡水湿地森林交错分布的地带，长满了灌木和柏树。20世纪20—60年代，人们在这片湿地上挖出了一条条供大型船舶通行的河道。湿地被切割得支离

1　美国国家飓风中心将飓风分为五级：一级飓风时速为119~153公里；二级飓风时速为154~177公里；三级飓风时速为178~209公里；四级飓风时速为210~249公里；五级飓风时速为249公里以上。——译者注

破碎，海水的引入还导致了湿地森林的死亡。在湿地被切割、森林消失、最终河道变得越来越宽阔之前，新奥尔良本来有一条16公里的缓冲带，在丽塔飓风登陆的地方，大部分的原始湿地都保存完好。

当卡特里娜飓风沿着墨西哥湾长驱直入，推动海水滚滚而来的时候，人工挖掘的河道水面暴涨。研究人员模拟了洪水到达沿海的情形，发现涌入新奥尔良的大部分洪水都是通过拓宽的河道进来的。洪水从河道涌入，也漫过沿海湿地四处泛滥。但因为所剩湿地不多，大大降低了自然本来设计好的缓冲洪水巨大破坏性能量的能力。

即便如此，有湿地的地方还是对保护城市产生了积极效果，大部分防洪堤遭到破坏和淹没的地方都是朝海一面没有湿地可以缓冲的区域。研究还发现，防洪堤朝海一面有大量湿地的地区哪怕被淹没了，也几乎未遭受侵蚀破坏。湿地大大减缓了波浪的冲击力、浪头的高度以及水流冲击防洪堤的速度。要是湿地没有遭到破坏，卡特里娜飓风的破坏力可能就会小很多。

像卡特里娜飓风一样，丽塔飓风也是五级飓风——是墨西哥湾有记录以来第四大飓风，可跟卡特里娜飓风不一样的是，它没有袭击到像新奥尔良这样的大城市，而且它登陆的地方湿地保存基本完好。这些差异反映出来的结果是，卡特里娜飓风造成1600多人丧生，而丽塔飓风仅带走了7个人。马史瑞奇和他的同事们最终认定沿海湿地起到了“水平防洪堤”的作用，能够大大降低洪峰高度，减少风浪能量，让它们的威力在到达防洪堤和人口密集区域之前大打折扣。

下沉的陆地和上升的海面

对路易斯安那州来说，保护湿地还有另一个很重要的原因：那里的陆地在下沉。对于这一变化，有两个应对策略：一是修建更高的防洪堤；二是让沿海湿地吸收海洋和河流中的自然沉积而抬升。马史瑞奇和他的同事们建议采取第二个方案，因为效果更好，而且花费甚少。

全世界五分之一的人口住在距离海岸30公里以内的地方。沿海生态体系的破坏导致极端天气情况增加、沿海居民区在海洋面前更加脆弱。在美国这样的发达国家，湿地之类的自然资源已经被证明是海岸防护的一部分，具有巨大的经济价值。可在发展中国家，没有足够的经费去建大量的海防堤坝，就更凸显了湿地举足轻重的作用。

可是灾难却不断重演，极为惨重的一次灾难当属1970年席卷东巴基斯坦（现属孟加拉国）博拉风暴了。这场风暴造成大规模潮涌，淹没了恒河三角洲的无数低矮岛屿，大约50万人在这场灾难中丧生。

大自然体系并非仅在极端天气下才发挥其庇护力和复原力。2004年圣诞节次日，海底的一场大地震引发了印度洋海啸，受波及的沿海居民区甚至远达东非和马来西亚。距震中最近的地方损失最为惨重，超过15米高的巨浪铺天盖地压了过来，有的地方海水涌入内陆数千米之多。

这场海啸灾难之后，研究人员仔细调查了这场灾难的前因后果。虽然很难简单概括，但大量相互印证的结论慢慢显现了出来。

印度沿海地区和孟加拉国沙丘地带的研究报告指出，长满了红树林的地区受灾程度相对较低。在泰国，西海岸边的素林群岛幸运地逃过了灾难，因为岛周围有一圈珊瑚礁和红树林的保护。距震中更近的锡默卢岛周围有一圈郁郁葱葱的红树林，那里因灾难而丧生的人数也较少。

斯里兰卡也是如此，那些有红树林和珊瑚礁组成自然盾牌的地区，在面对海啸灾难时就比没有的从容多了。在没有珊瑚礁或者珊瑚礁因炸鱼而被破坏的地区，损失要严重得多。据目击者说，当水墙到达珊瑚礁时，快速推进的水墙明显减速。这些自然体系起到了防洪堤的作用，几乎降低了海啸80%的威力。而在珊瑚礁被破坏的地区，巨大的海浪长驱直入，速度极快，给陆地造成的损失要大得多。

斯里兰卡西南角的希卡杜瓦，因为是海洋公园，珊瑚礁保存基本完好，因此在这次海啸中遭遇的海浪只有两三米高，只侵入陆地50米左右。而仅仅在其南部3公里处的帕拉里亚则非常不幸，那里的珊瑚礁被大规模采集破坏，海啸袭来的时候海浪高达10米，洪水入侵内陆1500米。美丽的珊瑚礁还帮助地势极低的马尔代夫群岛幸免于难，尽管这片群岛正位于海啸的行进路线上。

像其他湿地（包括新奥尔良周围的）一样，红树林在帮助沿海地区适应随着气候变化海平面上升等在内的慢性变化上起着重要作用。其中的机制很简单，潮汐水每天两次经过红树林纠缠在一起的根系时，海浪的速度和力度都会大为减缓。这样一来，水中沉积物就会沉淀下来。比如，恒河水带有大量沉积物，在它的入海口附近，红树林就利用河水带来的沉积物建起了海岸。“建筑材料”来自遥远的内陆——恒河里的沉积物，有些甚至可能是从巍峨的喜马拉雅山脉带过来的。

树下的泥浆沉淀证明，这些树能消除海浪的大部分能量，把海岸夯实，包括陆地正在缓慢下沉的地方也是如此。每年的沉积率要看当地地理条件以及红树林质量。不过，一年8毫米的速度是比较常见的——对大多数地方而言，这个速度足以抵消陆地的下沉和海面的上升了。可惜，人们却常常用岩石和水泥的工程结构来替代自然的沉积。人工工程不仅代价高昂，而且非常低效。

悉心研究卡特里娜飓风和丽塔飓风的研究人员得出结论——“有充分的证据证明，湿地能够大大减少海浪侵入内地时的威力”，还发现“沿海湿地能够减弱飓风引起的海浪，保护沿海地区不受大浪侵袭”。这一结论也得到了联合国环境规划署一项评估的支持。这项评估认为，珊瑚礁和红树林虽然在形态特征上各不相同，但都能削弱大风卷起的海浪70%～90%的能量。

在北方的高纬度地区也是一样，自然体系保护着沿海地区。在加拿大哥伦比亚温哥华岛以外巴克利湾的一个小岛上，考古学家找到了一些古老的印第安人村落遗迹。考古学家之前从未去过那里，因为那里看上去太荒凉了，根本不适合人们居住。光秃秃的沙滩上布满了巨大的砾石，这跟一般能找到此类居住遗迹的沙滩或者小海湾差别太大了。个中缘由，据说与我们前面遇到过的海洋哺乳动物——海獭——有关。

200多年前，这个海岸跟现在完全不一样。那时候，海獭成群结队。岛上朝海的一面密密麻麻地长满了海带森林。这些海草减缓了海浪的速度，抑制了海洋的力量，庇护着这片海滩，沙子能够慢慢积累下来。没有了海獭，这片海岸任由太平洋洗刷。海水轻而易举地冲走了沙子，只留下今天能看到的大砾石在那里。

以上种种发现都是鲜明的证据，可是人们却还是不断地破坏着自然体系。世界上三分之一的原始红树林已经消失了，有些国家甚至就在最近这些年就失去了八成的红树林。在美国，红树林每年的消失比例保持在3.6%左右。当然，有些地方情况更为严重。

说到全世界的珊瑚礁，至少有三分之一已经遭到了严重破坏，而珊瑚礁的消亡率估计也比其他任何有机生物群的高多了。直接破坏、过度捕捞和气候变化，让残余的珊瑚礁面临着未来10年之内完全灭绝的危险。

最新研究发现，各种污染也加速了珊瑚礁的消失。比如，珊瑚礁遭到防晒霜中某种物质的污染。全世界每年有4000~6000吨防晒霜流入珊瑚礁生长的海域。防晒霜导致珊瑚异常“疲惫”，也破坏了栖息在珊瑚礁内的动物和海藻之间的共生关系。这一现象被称为“白化”（Bleaching），全世界有10%的珊瑚礁面临着这样的污染。此外，杀虫剂、碳氢化合物等其他污染物也会加速珊瑚礁白化的过程。

有的珊瑚礁还因为正常的生态关系被改变，无法繁荣生长。某种程度上来说，这跟“生物圈2号”里的情况很类似。在“生物圈2号”里，约翰·艾伦和他的同事们建立的海洋生态群落得靠人工消除海藻来维持，不然珊瑚就会窒息而死。

在自然的珊瑚礁群里，清理工作是由海洋中各类生物完成的。很多地方，清理工作是由一群叫作兔头鲀的生物完成的。就像它的名字一样，这些颜色鲜艳的家伙能长到40厘米，是胃口很大的食草动物，能够吃光珊瑚礁里的海藻，避免珊瑚礁因海藻环绕窒息而死。当珊瑚礁遭到风暴之类外力破坏时，海藻就可能制造麻烦了。本来珊瑚礁是能够自己从创伤中恢复过来的，可是迅速生长的海藻很快就会控制局面，闷死年幼的珊瑚。可是，兔头鲀因为肉质鲜美成了人们捕捞的主要目标，结果导致现在大部分地区都享受不到它们的服务了。

虽然很多鱼都能吃掉海里的植物，但澳大利亚大堡礁的生态研究人员发现，兔头鲀的引入改变了已经被海草闷死的珊瑚礁地区面貌。丽贝卡·福克斯就是研究人员之一，她说这种大胃鱼的工作在全球范围内慢慢萎缩：“在澳大利亚，这种食草鱼的数量还相当多，可是在全世界，随着大型食肉鱼的减少，各地渔民都把目光转向了它们。有报告称，在夏威夷、加勒比海、印度尼西亚、密克罗尼西亚和波利尼西亚，食草鱼的数量已经减少了90%……吃光了这些鱼，我们也就很不明智地消除了一个能让珊瑚礁复活的机会，而珊瑚礁的危险局面本来也是人类造成的。”

对扳机鱼的捕捞和赶尽杀绝也可能导致同样的破坏，这次的后果是导致海胆的大规模爆发，接下来海胆吃光了珊瑚礁里所有的植物。就像太平洋里的海獭一样，海胆天敌的消失对当地生态产生了深远的影响，同时还明显影响了当地经济。很多海岸失去牡蛎礁后就对海浪风暴更加毫无招架之力了。这就是很多国家和地区（包括美国在内）要努力恢复此类礁石的原因。有人研究过，要是纽约周围的牡蛎礁没有遭到破坏，2012年桑迪飓风造成的损失会大大降低。

生态保险

对于世界经济来说，那些盐水沼泽、红树林、珊瑚礁、牡蛎礁和其他沿海生态系统显然具有巨大价值。问题是，能让我们看到它们在保护生命财产方面价值的极端天气情况很少出现，于是我们为了眼前的蝇头小利，就继续任由它们被移除、榨干、破坏，直至灰飞烟灭。

彻底改变错误观念的方法之一，就是把这些自然生态系统看作保险措施——它们能为我们提供保障，哪怕不一定能用上（没用上更好）。想想吧，我们年复一年地交保险费，却通常从未索赔过，不也挺高兴的吗？可是这些沿海生态系统到底能为我们提供什么样的保险价值呢？很难算出一个具体数字来。不少研究人员已经努力尝试过了，得出来的是令人震惊的大数目。

中美洲的加勒比海岸是以周围点缀的美丽珊瑚礁和红树林而闻名的，在伯利兹沿岸有世界上第二大的堡礁。“生物圈2号”模拟的就是这一带的珊瑚礁和红树林系统。

2008年，由世界资源研究所和世界自然基金会（WWF）联合实施的一项重大研究项目，开始评估这一地区自然体系对于当地旅游业、海岸保护和渔业这三个在经济上极为重要的行业所贡献的价值，对每一个行业都做出了最高和最低的价值估算。对渔业来说，研究认为珊瑚礁和红树林每年贡献的价值是1400万~1600万美元；而对旅游业来说，则超过前者的10倍——1.5亿~1.96亿美元——相当于伯利兹全国GDP的12%～15%（2007年）。

可是，在沿海生态体系提供的海岸保护价值面前，以上两个数字都相形见绌。研究人员估计，伯利兹的珊瑚礁每年在防止灾难性损害方面的价值为

1.2亿~1.8亿美元，而红树林在保护海岸免遭海浪和风暴袭击方面则又额外增加了1.11亿~1.67亿美元。二者加起来，每年的总价值高达2.31亿~3.47亿美元。

因此，伯利兹的珊瑚礁和红树林每年贡献的总经济价值为3.95亿~5.59亿美元（这还没把它们保护自然物种和存储碳的价值算进去）。2009年，伯利兹的GDP大约是14.68亿美元，所以，保守地计算，这些自然生态体系贡献的经济价值超过这个国家GDP的四分之一。第八章说过，全世界的海岸生态系统资源其实非常稀少，比热带或者亚热带森林之类资源的面积小多了。珊瑚礁只占世界大陆架面积的1.2%，而红树林所占比例就更小了，世界上所有的红树林加起来，总面积也不过就和英格兰差不多大。与全球总面积相比，这根本算不了什么。

这些生态系统在经济上的价值计算，当然要依其所在海岸的坚固程度，或者其在旅游业中的地位来定。即便如此，科斯坦萨发表在《自然》上的分析报告估计，每平方公里珊瑚礁的价值为10万~60万美元，红树林的价值为20万~90万美元。这一数字包括海岸保护和维持渔业生产力的价值在内，还把珊瑚礁特有的旅游休闲价值也算进去了。

在相对贫穷的小国，红树林和珊瑚礁提供的自然服务最容易体现出来。在被划分为发展中国家的小岛国中，大约90%都有珊瑚礁，超过四分之三的有红树林。要维护这些自然体系，当然会有花销——比如，建立并保卫国家公园的开销——可是一个又一个实例证明，这点花费相对由此而带来收益是多么不值一提。例如，海洋区域的平均维护成本是每平方公里775美元，还不到每平方公里珊瑚礁或红树林估价的1%。

可是有多少脆弱的海岸湿地因此得到了保护呢？答案是“不多”。很多湿地被清理掉了，或者里面的水被抽干了，为其他用途让路。养虾、建港口、旅游开发，什么都比湿地重要。这样的趋势一直在持续，有些地方还在加速。在那些从事湿地清除和改造的人心里，他们的工作是绝对理性的选择：为了生计。养虾业就是这么发展起来的一个典型产业。

从厄瓜多尔到马来西亚，从马达加斯加到泰国，大片的红树林湿地被改造成了养虾的池塘，仅仅是为了迎合市场的需求。虾的价格在近几十年飞速上涨，养虾成了一个利润丰厚、工作机会多、可以赚取出口外汇和产生大量税收的行业。可如此牺牲自己的沿海保障体系来赚这点钱，真的划算吗？

在泰国南部，那些漂亮的小岛以及错综复杂的海岸线就是好莱坞大片《海滩》的取景地，因为那里还生长着大片红树林。20年前那里的红树林本来更多，可后来人们就开始了大规模砍伐，给养虾池腾地儿。养虾池里喂的就是前面说的“垃圾鱼”，里面也包括了本来很有经济价值的鱼苗。池塘里经常要喷洒大量的杀菌剂和抗生素以控制疾病。这一行业的生态手段一直遭到有识之士的批评。

可是巨大的眼前利益却让大多数政府都不愿意采取有效行动，哪怕只是规范这一行业的迅速扩张都不行，就更别提限制其增长了。泰国养虾者的收入是当地人均收入的10倍以上，而整个行业的收入则接近15亿美元。

在获得巨大经济成功的背后，分析一下泰国养虾业的全部相关成本，人们就会明白到底是赔了还是赚了。（我当时当顾问的）威尔士亲王的国际可持续发展机构（ISU）计算出来的结果是，如果把所有的经济收益和成本考虑进去，这个行业没有提供任何经济收益，反而每年给世界造成了2.62亿美元的经济损失。这一估算结果中，成本包含了养虾业对各种生态系统的破坏，比如鱼苗失去栖息地、红树林被砍伐，导致二氧化碳排放增加、海水受到污染以及海岸失去保护等。

泰国情况如此，我们没有任何理由相信其他以牺牲红树林来拼命扩大养虾业的国家会有什么不同。以眼前利益为主的选择完全无视国家（还有全球的）长远经济利益。在气候变化造成海平面大幅上升的前提下，预计到21世纪40年代，海岸保护的成本会达到260亿~890亿美元。保护和强化自然海岸将会成为一个非常实际的问题，同时也会是一项重大的经济支出。海平面上升给海岸带来的危险还会继续增大，不仅是因为红树林和珊瑚的消失，还有泥炭地的缩减。例如，在巨大的加里曼丹岛，马来西亚境内沙捞越州的海岸线上，大片泥炭地的消失将会导致陆地被海水淹没。这里的泥炭地森林都被砍光了，用来做生产棕榈油的种植园。就跟剑桥郡的沼泽地带一样，这样做会导致土壤收缩，大片区域目前就已经降到了海平面以下，将来就更难说了。有人估计，沙捞越州将会有10%的面积被海水淹没。可是，受自然体系变化的影响，将要受到更多洪灾侵袭的不仅限于沿海区域。

洪水和森林

2007年6月26日，英国广播公司（BBC）晚间新闻播放了直升机从市中心建筑屋顶拯救被洪水围困的群众的画面。让英国观众们震惊的是，这一画面不是来自地球另一面的海啸或者飓风灾区，而是来自本国城市谢菲尔德。

汹涌的暴雨之后，顿河已经突破河岸的约束，从奔宁山上飞流直下，淹没了大片地区。谢菲尔德也不是唯一受灾的城市，那年夏天，整个英国都陷入汪洋之中。很多地区都遭受了传说中150年一遇乃至200年一遇的洪水。数10亿英镑在滔滔洪水中流失。

2007年英国的这场大洪灾是由连续强降雨造成的，此后几年，这样的强降雨接踵而至——包括2009年11月19日侵袭北方小镇科克茅斯的那场灾难性山洪。德文特河和科克河卷走了成千上万的房屋和店铺，桥梁和道路被冲垮，造成巨大损失。2012年6月，电视上再次出现了英国皇家空军从洪水中拯救平民的镜头，这次是在威尔士西部。

大规模洪水的频繁暴发已经是一个全球趋势，气象学家的数据和保险公司收集到的情报都证实了这一点。2009年9月，菲律宾遭受了严重的风暴，大面积受灾，人员财产损失惨重。2010年和2011年，大规模洪水连续侵袭哥伦比亚。2010年，巴西东北部遭遇破坏性洪水，第二年，东南部又遭遇洪水，造成500人丧生。2010年，喜马拉雅山洪暴发，洪水沿着印度河谷飞奔而下，造成巴基斯坦大部分地区受灾，约2000万人无家可归；第二年洪水又来了，逼迫800万人离开家园。2011年秋，我到越南去完成一项工作，乘坐的航班飞过灾区上空时，只见汪洋一片，泰国南部大片地区被淹没。2011年底，暴发的洪水席卷了菲律宾棉兰老岛，导致1000人丧生，3万人无家可归。

全球巨灾在保险报告证实，2011年是有记录以来灾难损失最高的年份。保险业界资深人士说，这给整个保险业的销售和价格带来了巨大压力，从而将更大的风险转嫁给了政府和个人。

虽然大洪灾发生在不同国家，但它们都有一个共同点：所有洪灾都因为自然栖息地（尤其是森林和湿地）的丧失而损失更为惨重。森林湿地及其他自然系统能够截流储存降水，然后再慢慢释放出来，从而减缓水流速度。同时，当全世界还在争论这接二连三的洪水是否为气候变化（把它们放在一起看的确是跟过去几十年的模式大不一样）的标志时，大家就没花时间去关注其他更明显也更容易测量的原因。

不过，在卡特里娜飓风和亚洲大海啸之后，研究人员们开始着手调查自然栖息地在改变内陆地区特大洪水侵害结果上的决定性作用。

近年来最大的风暴之一——大西洋有史以来第二致命的飓风——米奇飓风。在1998年，米奇飓风席卷了中美洲大部分地区。它在穿越陆地上时速度降低，大大加剧了其灾难后果。当时大雨一连下了6天，导致1.8万人死亡，300万人无家可归，房屋倒塌，基础设施遭到破坏，总经济损失估计高达60亿美元。当时洪都拉斯时任总统卡洛斯·罗伯托·弗洛雷斯·法库塞说，这场洪水摧毁了他们50年的辛苦积累。

2001年，我访问过洪都拉斯隔壁的萨尔瓦多，亲耳听到了米奇飓风造成大破坏的情形。人们告诉我，夺走生命的罪魁祸首是泥石流，而造成这一可怕状况的原因就是山坡上的树全被砍掉了。

土壤被强降雨从光秃秃的山坡上冲刷下来，变成湍急的泥石流，摧毁了它们行进路上的一切，包括成千上万的住宅，还有里面的人。

萨尔瓦多原始森林面积只剩下大约2%了，而恢复森林的努力却被贫穷、人们需要种地为生和砍树作燃料而打败。森林的退化进一步加剧了贫穷，还导致了水土流失，结果这个国家的大部分土地都不适合耕作了。

大暴雨之后，航拍显示大部分塌方都发生在植被遭到破坏、被开垦作耕地或者人类居住地的区域。而在还有树木覆盖的地方，包括树荫下种有咖啡、可可等农作物的地方，塌方的情况就很少。这些都是有目共睹的，也有相关的调查结果支持。

澳大利亚科里·布拉德肖主持了一项研究，主要考察发展中国家森林退化与洪水暴发的风险大小及严重性之间的关系。1990—2000年，他的团队收集了56个国家的数据，最终发现，凡是天然森林大片消失的地方，洪水泛滥就频繁。他们的发现绝对不容忽视。在他们开展调查的十年间，大约有3.2亿人在洪水中流离失所，10万人丧生（将近五分之一是米奇飓风的受害者），经济损失估计超过11510亿美元。这些财产损失哪怕只有10%归因于自然栖息地的丧失，算出来的数字也仍然是惊人的。

布拉德肖和他的团队得出的结论是，未来几十年内，如果森林退化的势头不减，可能会导致洪水相关的灾害数量上升或后果更加严重，对数以百万计的穷困人口产生负面影响，给这些本来就艰难的经济体造成数以万亿计的财产损失。自调查结束后的2000年到现在，数十年过去了，不幸的是，这一调查数据显示的趋势还没有任何谬误。

现状已经很糟糕了，可是据预计，极端天气还会更加频繁地出现。2011

年底，联合国政府间气候变化专门委员会（IPCC）发布了一份专题报告，把温室气体的持续排放与极度高温、干旱、海浪和龙卷风、热浪、大暴雨等极端天气联系起来。这份报告的作者估计，未来三四十年内，极端天气的发生频率会增加四倍，而到21世纪末则会增加十倍，而且极端天气的情况还会持续更长、强度更大。要是从红树林到珊瑚礁、从高地森林到沿海泥炭地的自然体系同时进一步恶化，地球生态体系只会越来越脆弱。

2012年4月《科学》杂志发表的一篇论文揭示，全球水循环已经加速。研究发现，与几十年前比，现在海洋蒸发的水分比以前多多了。而且，较从前更为温暖的大气也能维持更高含水量，所以发生洪水的可能性也就大多了。毕竟，蒸发到空中的水最后都是要落下来的。

难怪许多分析家都认为，这些因素的结合会导致我们的复原能力大大降低。换句话说，我们应对意外打击、消化灾祸并从中恢复的能力将会大打折扣。当大自然系统缓解极端天气和其他灾难袭击的能力下降时，人类社会的复原能力也一样会减弱。

生物盾牌

我和很多其他同仁应对气候变化所做的工作主要集中在减少碳排放。也有新观点认为，我们必须更加重视寻找更多途径来应对当前已无法避免的气候变化冲击。我们已经进入了承受后果期，需要采取所有能用得上的保护措施。正确维护和管理自然系统，很可能比建设水泥工程更为有效（而且更加便宜）。我们亟须对大自然系统进行有效利用，要让湿地、珊瑚礁、森林和其他自然系统为我们缓冲自然灾害的巨大冲击。

平均气温的增高不仅会带来更加频繁的干旱和洪水，还会产生威胁公众健康的热浪。应对这一变化，一个方法是安装更多空调设备；另一个方法则是多种树，让树叶反射阳光，制造阴凉并且蒸发水分。在城市里，有没有种树差别巨大。一项来自英国的统计表明，热浪来袭时，增加10%的绿树就能令曼彻斯特或者伦敦的表面温度降低三四度。在建筑物周围种树木，能减少三分之一对空调的需求。

有些国家看到了利用大自然来充当保护伞和保险后盾的经济迫切性，已经开始投资复原生态系统以应对极端状况。例如，印度泰米尔纳德邦和喀拉拉邦政府就分别投资了4500万和900万美元在沿海重新补种红树林；其他亚洲国家也采取了类似措施，如马来西亚、印度尼西亚和泰国等，都开始了行动。

一些大公司也开始参与其中了。法国跨国食品公司达能通过旗下的自然基金投资了自然栖息地的复原工程，这项工程包括在塞内加尔和印度沿海补种红树林。它是达能集团旗下依云品牌的一项努力，主要目标是建设新的碳吸收途径，以弥补自己的产品在包装和运输过程中产生的碳排放。公司不仅致力于减少自身的碳排放，还帮助建立当地人所谓的“生物盾牌”，以便在极端天气的情况下起到保护作用。

补种红树林可不是那么简单的，首先得选对种子。什么地方种什么品种都是有讲究的，而且树苗到底种在哪个位置也是有讲究的。除了科学理论之外，经验表明，当地人的参与会给成功恢复红树林带来更大的保障。

珊瑚礁的恢复工程也在进行中，不过，相对于红树林的复原项目来说，目前规模还比较小。从巴厘岛、斐济到巴哈马，从红海、巴拿马到泰国，人们尝试着各种不断改进恢复珊瑚礁的方法。

有个方法很有效，具体做法是用钢筋做成各种框架，沉到水下，在钢筋框架外面裹上一层石灰岩外壳。后者通过给水导电，让碳酸钙凝聚在金属表面，形成一层像水泥一样结实的外壳的方法来实现。然后海洋生物就会黏附在上面，还可以把珊瑚移植上去。用这种简单技术制造出来的珊瑚礁，在马尔代夫群岛、塞舌尔群岛、泰国、印度尼西亚、巴布亚新几内亚、墨西哥、巴拿马和印度洋撒雅德玛哈浅滩都能看到。在这一过程中，如果使用的是再生电力（比如风力发电）就更加环保了。

然而，珊瑚礁和红树林的恢复工作有时操作起来很复杂。目前，最好的选择是首先要保证它们不再被破坏或者情况不再恶化。这就意味着，无论如何，第一步就是要阻止将沿海湿地改建为养虾场，终止在珊瑚礁地区使用炸药和氰化物捕鱼。幸好，越来越多的研究指出了恢复工作的重大经济价值。越南的一份研究报告说，种植和保护1.2万公顷的红树林只需花费100万美元，可是却能省去每年维护海洋防御工程的700万美元。

沼泽、林地和湿地

目前，对陆地上能缓解洪灾的自然系统的恢复工作也在进行中。前面我们已经看到，对波哥大城上方帕拉莫高原的保护（和下游减少水土流失的措施结合在一起），不仅能帮助保证城市洁净的水源，还能减缓雨水的流速，从而降低洪水的危险。最近，哥伦比亚的洪水所造成的损失估计相当于该国GDP的2.5%。这个数目已经很大了，考虑到气候条件还会持续恶化，缓解这些极端状况造成的后果的价值还将会逐步升高。

在英国也是一样。随着近年来洪水造成的灾害增加，防灾工作的重点也转移了。现在不仅要通过维护和建设坚固的工程来保护脆弱地区，更应该仔细想想该怎么做才能顺应自然、减少灾害。

例如，约克郡的皮克林镇是洪水高发的地区，当地组织和国家机构合作，共同努力提高自然环境的蓄洪能力。通过植树造林，可以减少未来洪水泛滥的频率和规模。树木能吸收和阻挡山上倾泻下来的水流。同时，当地人还改造了高处的泄洪渠道，包括填平水流冲刷出来的水沟，让水流自然地流向小河滩。

再往南部一点，在匹克地区的奔宁山脉里，一个名为“未来沼泽”的新合作模式正在力图恢复高地覆被沼泽。这一计划目标是要把光秃秃的、正在消失的泥炭地——面积有30平方公里——恢复成有绿色植被的栖息地。这就需要重建泥炭苔藓沼泽和林地，还要填平导致水土流失的水沟，修复被严重侵蚀的小路。

这些覆被沼泽遍布整个“英格兰的脊梁”，某种程度上跟安第斯山脉的帕拉莫高原一样，就是一块巨大的吸水海绵。这块海绵能减少谢菲尔德居民被洪水围困在屋顶需要直升机来救援的次数；保护沼泽地里的野生生物，提高泥炭土壤里的碳沉积量；对水循环的舒缓功能也能保证气候变化无常情况下淡水的稳定供应。此外，还有社会效应。有1600万人生活在这个仅1小时车程的高地，他们可以到这里来享受大自然，有利于身心健康。还会有住得更远的人们慕名前来欣赏风景，为旅游经济做贡献。

低洼沼泽地在缓解洪灾后果方面也是意义重大。据我所知，剑桥郡北部的大沼泽正是沼泽变得越来越重要的一个实例。当地的野生生物基金会以伍德沃尔顿沼泽自然保护区为中心，投资了一个雄心勃勃的复原项目。这一地区有着独特的历史，是英国设立的第一个自然保护区。早在1912年，这一地区即被环保先锋查尔斯·罗斯柴尔德买了下来，有幸成为从现代农业“大屠杀”中幸存下来的几小块自然区域之一。

当地的野生生物基金会计划恢复37平方公里的沼泽栖息地，把四块沼泽残片中最大的两块——伍德沃尔顿沼泽和霍尔墨沼泽（那块1852年埋过一根铁柱的沼泽）——连接起来，成为英国最大的湿地栖息地。这样就可以提高其蓄洪能力，减少洪水对周围社区和农田的危害，而且，给干涸的泥炭地灌水可以防止它们进一步被侵蚀，阻止它们每年向空气中排放35万吨二氧化碳。扩大后的湿地还能为野生动物提供更大的庇护所，帮助它们适应气候变化。

大沼泽这样的复原项目，有时会被批评者嘲讽为“只不过是对古老风景的怀旧而已”。可是，这样的努力以及其他的积极行动，却展示出我们为迎接当前的挑战所做的努力。经过不断努力形成的新的自然保护区，还能帮我们应对其他困难——不仅仅是促进人们健康。大沼泽是英国经济增长最快的地区，这里的发展势头强劲，基础建设欣欣向荣。在这个已经很难接触到自然野趣的地方，这一项目将为大家提供无数欣赏罕见野生生物的机会，让人们可以走在旷野上，或者骑自行车、骑马、划船穿越这片自然区域。

为更多的人提供到户外享受大自然的机会，这对那些喜欢徒步、骑车或者做其他运动的人来说无疑是福音。而且，近年来，越来越多的证据表明，这种努力也有着可观的经济价值。

伦敦奥林匹克公园把自然融入其整体设计之中

Chapter 10 | 自然健康保障

1200 万美元 —— 增加 10% 的自行车利用率可能为哥本哈根带来的健康福利价值

1050 亿英镑 —— 英国每年花在精神疾病治疗上的费用

6.3 亿英镑 —— 英国每年维护 2.7 万个公园和绿地的成本

大多数西方国家都在积极保护自己的公民免受环境污染带来的健康威胁，这一做法已经延续几十年了。那些毒害极大的粒子已经被逐渐消除，发电站的污染基本没有了，汽车尾气排放也有法律限制了。人们以公共健康的名义采取了各种措施，空气、土地和水也的确干净多了。

我大半生的工作都与这些变化相关，要说我在“地球之友”的时候做了些什么，促进污染目录的发布、敦促政府出台更加严厉的杀虫剂管理条例和推动立法引导清洁发动机的使用可以算其中几件吧。这些事情的结果都很好。可是，我也一直很清楚人类与自然之间关系的深刻含义，知道我们绝对不能仅仅是满足于逃脱我们自己排放的物质的毒害。时代不同了，曾经非常边缘的话语正在进入思想主流。

我们在英格兰东北部泰恩河畔的盖茨黑德镇找到了能证明这一点的案

例。那里曾经是个工业重镇，有煤矿、造船厂和钢铁厂。我曾经在那里待过一阵子，为防治污染而奔波，向当地人讲解那里的化工污染和工厂排放之间的关系。当然，这可不仅仅是为了他们的健康着想。

盖茨黑德是英国社会工作比较复杂的地区，而污染就是造成这里的人们健康情况差异很大的原因之一。这里有三分之一的人口被划定为英国最贫困人群。因为这一地区心脏病、中风和癌症而早逝的情况远高于英国全国水平，因而这一地区的人均寿命也明显低于全国平均值。听起来这里急需医疗设施和药品，从现实情况来说也确实没错，可是他们是否也需要树林呢？在有些人看来，树木似乎与减轻社会贫困风马牛不相及。但2004年，一群公益机构却决定，就从种树开始帮助当地的人们。他们选择了切普威尔树林——一块面积大约360公顷的杂树林——来进行试验。英国林业委员会和英国国家健康体系也都参与了这个计划。

切普威尔树林计划的目标之一是让家庭医生把病人送到树林里去锻炼——骑车、散步、打太极，或者参与提高林地生态价值的环保工作。这种做法的理念就是户外运动有利于治疗，这一做法大受欢迎，越来越多的病人坚持参加。据估计，这一计划对轻度抑郁、高血压以及体重超重的病人都有效果。目标之二则是到休闲中心或者体育馆去锻炼十三个星期。

在室内锻炼的病人能坚持下来的很少——大概只有三分之一。可是，到切普威尔树林活动的病人有90%都完成了整个疗程，而且病人都觉得户外运动对他们的身体很有好处。这些病人几乎都认为，经常到树林里去对他们的健康和心情有积极影响，60%的病人觉得运动对他们的健康有好处，40%的病人觉得对健康和心情都有改善。病人尤其强调，在周围全是树木的环境里活动，非常惬意，非常放松，感到身体充满活力。

可这种改善到底是怎么发生的呢？为什么病人更喜欢去树林里而不是体育馆呢？是因为人天生就能从与大自然互动中获得天然利益吗？还是因为我

们体内有一种能跟自然世界进行良好互动的机制呢？越来越多的证据表明这不是迷信，能够证明大自然良好治疗效果的科学研究也日益增多。

一项著名的研究可以追溯到20世纪80年代。美国宾夕法尼亚的一家医院在1972—1981年收集到的数据表明，病人在胆囊手术后的恢复速度与病人是否看到树木和绿色有明确关系。23位病人术后被分配到有窗户的、可以看到户外自然景色的病房；另外23位病人术后住在类似的病房，但窗户外就是一堵墙。两相比较，前者术后住院时间相对较短，护士对他们康复状况的负面评价较少，止疼药的服用量也少多了。

在医院收集数据证明大自然和身体健康相关是一回事，在日常环境中寻找大自然和身体健康的关系则是另一回事。后者相对要难一些，不过研究人员也做到了。

荷兰科学家尤兰达·马阿斯和团队在荷兰健康服务研究所对都市绿色空间与健康之间的关系进行了详细的研究，先看有没有关系，如果有，再看看关系到底有多密切。他们对25万人进行了问卷调查，受访者被问到其总体健康状况、身体感受。数据对比分析了受访者距离公园、自然田园等绿色空间的远近与健康状况。

调查的结果让人非常惊讶。住所附近有绿色空间的人群对自己的健康评估比那些住所附近没有绿色的人群的自我评估要高。比如，在一个绿化率高达90%的社区，仅有10.2%的居民感觉自己不健康；而在绿化率只有10%的社区，15.5%的居民感觉自己不健康。这种比例相适应的关系在很多不同社区都表现一致，而且绿色空间似乎尤其会给低收入人群带来好处。

10.2%和15.5%之间的差别，放大到整个城市（或者国家）人口当中就意味着数百万人甚至更多会感觉到自己不那么健康，由此产生的经济后果是不容小觑的，它既可能导致医疗经费的紧张，也可能让员工出现更多的病假。例如，根据英国精神健康基金会提供的数据，仅仅在英国，每年花在治疗精神病方面上的费用就高达1050亿英镑。

尽管城市规划者偶尔会强调绿色空间的价值，但有意思的是，市场却不这么认为。例如，2003年伦敦的一项调查发现，1%的绿化率差别，体现在房屋均价上却只有0.3%～0.5%的增长。荷兰一个研究项目得出的结论是，绿色空间不仅仅是一种奢华……应该把它置于城市空间设计政策的更中心位置。

马阿斯和她的同事们研究的是各种绿色空间与人们的家之间的距离，而另一项英国的研究则着眼于周围生物多样性给人们带来的心理抚慰作用。谢菲尔德大学的理查德·富勒领导的一个团队调查了这个城市地区间的差异，从市中心到西部郊区的一个角落，他们走遍了这座城市中15个绿色空间，搜寻藏匿其中的各种野生生物。研究人员评估了其中的植物品种，辨认记录了各种蝴蝶及鸟类。为了了解人们对野生生物多样性丰富程度的反应，他们访问了三百多名住户，寻求绿色空间在心理恢复、积极情感联系和身份认同方面的信息到底有多重要。

研究发现，生物多样性的丰富程度和受访者表达的心理抚慰之间有着显著的正向关联。在特定区域能找到的栖息地数量，与个人身份认同及感受是相互关联的。植物多样性一般与个人感受相关，而鸟类则影响情绪依附。研究人员建议，最好在都市绿色空间中创造出一小块一小块的栖息地以提高野生生物多样性，这样能让居民得到最大的心理慰藉。

还有相当多的证据表明，置身大自然可以缓解紧张情绪、提高工作效率。更多研究揭示，绿色空间与稳定牙疾患者血压、减少监狱囚犯患病率、增强城市贫民区女孩的自律性和降低老年人死亡率都有关系。注意力缺失综合症儿童，如果在自然环境中嬉戏，甚至只是在房屋外墙上画一些树木和草地，症状都能得以显著改善。

一项研究发现，社区中每增加10%的绿色空间，居民的身体不适就能减少到相当于年轻5岁时的平均水平。还有一个结论，在绿色环境中锻炼能即时提高自尊。好几位研究人员都发现，在办公室内工作的人，看得到自然景色的比看不到的，工作更不易疲倦，满意度更高，并且生病少。还有一项研究考察的是驾驶疲劳，研究人员检测司机的血压、心跳和神经系统状态，结果发现，当道路经过绿色区域或者公路两旁都有树时，这些指标全都下降了。

深受应激反应症之苦的孩子，一旦进入大自然的环境中，就能立刻康复。与前面提到的很多研究一样，这些好处在低收入或者社会底层人群中表现得最明显。

总之，专家们得出的结论是，置身大自然中能减少怒气和焦虑，保持注意力和兴趣，感到更快乐。科学家已经证明了心理对自然的回应总是让人快乐的，能“清醒放松”，还能减少负面情绪，比如焦虑和愤怒。这方面的研究先锋有密歇根大学的蕾切尔·卡普兰和斯蒂芬·卡普兰夫妻俩。他们描述了多种能够让人从精神疲劳中迅速恢复过来的“恢复性环境”（Restorative Environments），以及和更为自然的环境之间的关系。

有证据表明，在个人从大自然得到的价值当中，最重要的其实是社会价值。例如，社区凝聚力会随着树木的增加而增加。对芝加哥房地产的一项调查发现，社区中树木越多，人们认识的邻居就越多。而在满目钢筋水泥的地方，人们很少互动。在树木多的社区里，家庭暴力也更少。

英国的家庭医生威廉·博尔德在牛津郡执业。20世纪90年代时，他还在开糖尿病诊所，但已经相信大自然的治疗作用。他发现很多病人都不会利用自己身边的绿色空间，于是启动了一个在自然环境中散步的治疗项目。这一项目非常成功，最后竟成了一个国家项目，由著名的英国心脏基金会（British Heart Foundation）运营。

最初，博尔德发现很难让主流医学界接受他的想法。不过，当他为官方机构英格兰自然署（Natural England）工作之后，他与卫生部门建立了联系，终于打通了政策制定层面的路子。我是在英国医学会会员沙龙上认识他的，那次，他向我讲述了他所发现的走进大自然与提升健康之间的关系。

据博尔德介绍，大自然给人类最大的健康恩惠就是舒缓紧张。“有证据表明，绝大多数慢性病——糖尿病、心血管疾病、抑郁症等都与紧张有关。”他对我说，“在我看来，人们绝对低估了紧张的后果。日复一日的慢性紧张是健康最大的问题，因为紧张到最后一定会失控。”

博尔德告诉我们“为什么公共卫生部门引导大家走进大自然是减轻健康预算负担最经济的方式”，他给我看了一堆研究成果，全都表明低收入家庭将尤其受益。他说道：“紧张源自不确定和担心，这在低收入人群中更为常见。有研究表明，哪怕同样是不抽烟不喝酒、每天坚持适当运动的人，收入不同，健康状态也不同，我认为其根源就是紧张，人们生活在焦虑之中。他们的生活环境一塌糊涂，周围根本就没有社会凝聚力，他们没有工作，于是心情自然就紧张起来。”

他还说道：“紧张会直接影响我们的细胞，也会影响我们的行为。人们紧张的时候会干什么呢？会大吃大喝，抽烟酗酒。这样做是因为我们太紧张了，所以，如果身处贫困就会通过不健康的生活方式来抵抗紧张。人们往往听不进去不要吸烟喝酒或者是不要吃太多之类的劝告，不是因为他们不认同这些劝告，只是他们的压力远大于那些好心建议。而多与大自然接触，能帮助人们感觉到自己的目标，同时减少压力。”

他接着提到了大自然对于年轻人正常成长的意义。那些住在城里从未接触过大自然的儿童可能会产生缺陷。“不让孩子们接触绿色，就是剥夺了他们身心健康成长的基本要素。现在有的孩子根本不会独脚站立，因为他们从来没有走过大自然中那些不平坦的地面。”

博尔德做过的一项研究是记录一个家庭连续四代人的“活动区域”。这个项目是在谢菲尔德进行的，结果发现，随着时间的推移，孩子们的活动范围缩小了。从曾祖父母、祖父母到父母到今天的孩子，一代比一代活动范围小。

他说：“第一代人活动范围是六英里，他们出去爬山、钓鱼，几乎是到处走。第二代人的活动范围缩小到了一英里，不过还能经常到树林等绿色区域去。等到父母这一代，活动范围只有半英里不到了。最后是8岁的男孩提姆，他的活动范围只有三百米——大多数孩子的活动范围平均下来也就这么大。”显然，活动区域的越来越小，限制了人们与大自然的接触，对当地本来就缺乏自然环境的孩子来说尤其如此。博尔德坚定地认为这是一个巨大的社会问题，他说：“德国和美国都有研究表明，到14岁还没有机会在大自然中漫游的孩子，也许终生都没有机会体验到大自然的乐趣了。”

很快，博尔德就受邀参加各种会议，去分享他的见解，他说：“在西方，广大医疗界人士还是很乐于结识环保人士的。”可是，尽管意向强烈，在医学界还是有一个成见，他说：“有些医生总觉得所谓回归大自然是一种倒退，他们觉得新型扫描仪才是进步。不过，情况正在改善，越来越多的人认识到技术不是万能的。肥胖症、抑郁症等都不是靠开刀做手术能解决的。”

经济学在这一思想中也扮演了重要角色。博尔德给我举了一个为心血管疾病风险的病人举办的“生活质量提升年”的例子。这个活动很省钱。控制心血管疾病风险的药物花费每年高达9500英镑，而每天锻炼的疗法一年下来却只需要440英镑——不到前者的二十分之一，而且，控制类药物的效果还不如散步，后者还没有副作用。

把每年全球花在健康上的数千亿美元巨款放在一起，我们就可以看出以上研究结果有着非同小可的意义了，绝不仅仅是我们该怎么好好设计我们居住、生活和工作的空间就行了。找到一种人与自然最和谐相处的方式绝非仅仅是减少污染那么简单。可是，人类为什么还需要接受大自然的恩泽呢？毕竟我们现在基本上即使都生活在大都市里，为什么还是离不开大自然？

狩猎采集者和大自然缺乏紊乱症

与现代人类构造相同的人类祖先，最早是在20万年前出现的，我们的祖先就是在这一时期进化成人的，之前还有类人猿进化的数百万年，更别提灵长类进化成类人猿的漫长过程了。城市化不过是200多年前才开始的，而且刚开始的时候，还只有一小部分人住在城市里（直到2007年，城市人口才第一次过半）。

与人类一步步走到现在的漫漫长路相比，最近的城市化进程与漫长的历史有点格格不入，区区几十年的建筑扩张实在不是主流。即使是把人类进城的200多年（其实真的有点夸张了）都算进去，那么人类历史的99.9%也是非城市化的。

在住进钢筋水泥的高楼之前，我们跟大自然一直是很亲密的——实际上，就生活在自然中。人类历史上绝大部分时候的经济模式就是狩猎采集式。如果假设直到1万年前，狩猎采集还是人类满足基本需求的主要手段，那么95%的人类历史都是靠这种方式延续下来的。

要想成为高效的狩猎采集者，人们必须成为一个能干的自然主义者，要与自然四季完全协调，明白动物们的迁徙模式，掌握各种植物开花结果的知识。人们必须了解土壤、会织网结绳，当然还要与食肉猛兽搏斗。今天还生活在亚马孙丛林里的狩猎采集者走过一片森林时，并非想要什么拿什么；他们也会管理森林，让森林生产出更多他们想要的东西。这就意味着他们会种植和照料他们认为更有价值的植物，比如，能结出果子喂养他们猎捕来的野猪的树。所谓原始雨林，其实也是个巨大、复杂、半自然的菜园。

当人类实现了从狩猎采集到农业的飞跃后，与大自然之间仍然有着亲密和依赖的关系，大自然仍影响着我们每天的生活。今年的土壤够不够肥沃？雨水是否充足？会不会有大规模的虫害影响产量？任何一个误判都很可能导致饥荒或者冲突。

我在本章简单介绍的研究成果，就是给上述进化结果提供的一点结论。别忘了，这个我们用来思考、推理和作决定的大脑，这个给我们带来情绪和感觉的大脑，是在茂密的丛林和生机勃勃的草原上进化而来的。不管你喜不喜欢，人类与自然是分不开的。我们的大脑似乎仍然“记得”这个，哪怕我们现在是生活在钢筋水泥玻璃结构的城市里。

博尔德也说到了人类生活在现代城市环境里的时间非常短暂，更为深远地影响着我们的还是人类起源和生存的大自然。他说：“就像你花了一年时间开发了一个计算机系统，然后有人在最后一分钟说，‘能求你帮我把它全给改了吗？’这是不可能的。”

我们遗传下来的与大自然的亲近关系就是我们的基本程序，这是有证据的。我们大多数人在照料植物时都会有非常愉悦的感觉，不管是种菜还是侍弄屋子里的盆栽。想想许多人在菜地和花园里投入大把的时间和金钱，就能明白这一过程其实让人感到大大的满足。这些都市花匠侍弄花花草草，难道不就是因为脑海中遥远的记忆吗？

在我们维持与动物的关系上，也能找到相应的证据。在西方，人们每年花费数十亿美元来购买和照料宠物。这笔巨大的开支显然证明，人们从宠物伴侣身上获得了巨大的回报。越来越多的证据支持这一点。科学家们已经证实宠物猫狗能帮助主人降血压、提高应对紧张的能力，对一些小病有辅助治疗的效果。我们对动物的喜爱，还可以在动物园和水族馆里得到证明。在美国和加拿大，参观这些景点的人数远超过去现场观看重大运动比赛的人数。

在英国，较为普及的运动是钓鱼。很多人去钓鱼的时候并不在意自己是否有收获——这项运动的真正魅力在于沉浸到大自然当中去，跟它发生一点互动关系。难道养狗和钓鱼不就是人类当年狩猎采集年代的回音吗？

不过即使如此，真实的历史可没有那么浪漫。人类历史的大部分都是残忍的，充满了饥饿和疾病的危险，生命短暂而痛苦。直到农业和城市的崛起，才为我们提供了部分解脱——它们是人类追求舒适、方便和长寿的有效方法。

米歇尔·格文和希拉德·开普兰在一篇评论中说，直到今天还以狩猎采集方式生活着的人群，平均寿命是21~37岁，能够活到45岁的人所占比例只有26%~43%。假定这一情况代表人类历史上的大部分情形，那么最近的一些变化是往好的方面发展的。

在过去大约160年里，人类的平均寿命几乎每年增加3个月。卫生、医疗、药品、营养的改善和公共健康体系的建立，都是这一变化的原因。过去，大多数人可能都是死于传染病、饥饿和伤病；现在（也由于我们的寿命延长了），人们主要遭受慢性疾病，包括心脏病和各种癌症的折磨，或者像糖尿病等之类的所谓富贵病的折腾。此外，由于人们生活方式的改变，出现了心理和行为上的挑战。在西方，据估计，10%~15%的人都有心理问题，这一数字可能会继续增长。

这些现代健康问题很难仅靠技术解决。为了经济有效地与心脏病、癌症和精神紊乱作斗争，人们应该尝试多种方法。对此的研究越多，就越加发现大自然可以提供一个主要的解决方案。可是，人类生存历史上还从未有过这么多人与动植物的身体接触如此之少又对主宰这个自然世界的过程也茫然无知的情形。其实，我们面临的最大问题是“自然缺失症”（Nature-Deficit Disorder）。

奥运金牌，绿墙和首尔的河流

基于本章前面提到的研究结果，很多专家建议，鼓励大家花更多时间去接触自然，这是增进健康尤其是防止精神疾病发生的有效措施。为了做到这一点，需要各部门之间的通力高效合作，包括（但不限于）基础卫生机构、建筑师、城市规划部门和环境管理部门等。有些专家探讨了建立“自然保健服务”（Natural Health Service）的可能性。“自然保健服务”可以提供多种形式的治疗，小到侍弄盆栽，大到管理森林以及各种中间层次的活动，比如打理花园、菜地和城市公园等。主要目的就是接近、接触自然界中的不同元素：动物、植物、生长、水、循环、降解以及其他维持我们这个美丽世界的事物，反过来从身体上、心理上以及精神上支持我们。

我个人与自然接触的经历无疑是非常积极的。可能也正因为这种经历是生理的甚至是精神层面的，所以很难描述。不过，对我来说，走进野外或者半野外的环境中，看到植物和动物就能让我感到快乐和幸福。锻炼身体当然也不错，但仅仅是走进户外的自然环境，我就感到非常愉快了。

要是身边还带着我的爱犬，这种愉快的心情就加倍了。爱犬走在我附近，不时回头张望，寻找我们要往哪个方向走，它该怎么做信号。3万年的驯化也丝毫没能减少狗与自然之间的密切关系。它一路用鼻子闻、用耳朵听、用眼睛看，完全沉浸其中。从某种程度上说，我们这个散步跟史前人类活动没有区别。

研究表明，我的个人体验绝非仅有。随着全球人口总数向90亿（其中四分之三可能会住在城市中）迈进，公园以及各种各样的自然区域将会是确保公共健康最宝贵的资源。如何让人每天都能接触到自然，将会是一个巨大挑战。

博尔德是人数越来越庞大的自然专家团队中的一员。这些专家认为，未来的成功将有赖于我们现在的发展规划。博尔德说，以英国为例，只有把自然跟健康等同起来的健康部门才有未来，尤其是那些能够为最需要的人提供自然经验的人才能成功。收入较低的人群，往往生活在没有绿色的区域：“要想消除这一巨大差距，就要跟社区合作，建立安全的自然空间。问询将要使用这一空间的人群，该如何设计才能满足他们的需求。只有这一点做好了，才能促进他们的身体活动，才能改变他们的行为。”

尽管许多研究都证实了大自然和幸福有关，可是鲜有研究将身处自然带来的经济价值量化。我访问过哥本哈根无数次，非常熟悉这座城市。丹麦首都有很多闻名遐迩的事物，自行车的流行就是其中一项。每天进入市区上班的人有三分之一是骑车去的，住在城里的人一半以上都骑车上班上学。他们能这么做是因为这座城市有约400公里自行车道，车道穿越公园和各种绿色区域，车道两侧树荫蔽日。

要估算出如此高的自行车使用率的经济价值是很不容易的。可是，哥本哈根市的一位规划员尼尔·延森估算出来了，自行车使用率每提高10%，能为这个城市居民节约1200万美元的健康支出，提供3100万美元的生产力，减少3%的病假，延长6.1万年的寿命，还减少4.6万年受重病折磨的时间。

伦敦为2012年奥林匹克运动会所建的奥林匹克公园，就是一个将绿地融入都市生活的成功案例。运动设施一向与大自然不怎么融洽，可是人们却自然地将自然融入了伦敦奥林匹克公园的整体设计当中。在奥运会开幕前几个月，我去参观过奥运场馆，在一个新建的芦苇潭边徘徊了很久。水潭旁边忽然有黑、红、白色相间的小鸟掠过小路，那是野鹟。这还是我第一次在伦敦西区发现这个品种。旁边，在一个新建的池塘边上，有一只鹡鸰。在一个建筑工地看到这么优雅的鸟儿很不寻常。不过，这些鸟儿以及其他生物出现在这里可不是个意外。为当地野生动物建立自然栖息地本来就是公园设计的一部分，里面的湿地有活水不断循环。这些设施迅速吸引了其他鸟儿的到来，包括鹛鹛和芦莺。而且，随着这片栖息地的完善和成熟，还会吸引更多野生动物的到来。

奥林匹克村里面也布满了湿地和林地，装有根部灌溉系统为植物浇水。流水穿过芦苇荡，流进蓄水的池塘，在那儿又被水泵抽回去灌溉花园。这些湿地就像磁石一样招来了大量野生生物，人们为堤燕和翠鸟建了窝巢，鼓励它们留下来繁衍生息。有些场馆之间的绿地铺满了种子，不久就会变成一片鲜花盛开的草地。

还有一个很大的进展是人们对大自然疗效的了解。剑桥郊区一栋由瑞典斯堪斯卡公司设计的房子，是这一观念的先锋试验者。这栋房子除了节能和节水的标准很高外，里面的128家住户窗外全都能看到绿色空间。树木、水和开阔的草坪以及自行车道，都在开发的时候就设计好了。里面有袖珍公园、种菜和展示公共艺术品的小菜园。这是个包含大量家庭住宅和公寓的混合开发区。尽管它达不到"生物圈2号"里面生活区那么高的标准，但也是朝着建筑和审美的高标准以及对环境影响最低的方向努力的。它远比同类房屋的设计超前多了。

即使是购物中心——那些完全跟自然隔离的消费主义的城堡——也可以有自然的积极参与。伦敦西区的韦斯特菲尔德购物中心就是个很好的例子。这家新建的购物中心必须建一堵长长的墙与附近的居民区隔开，可并没有只修一道光秃秃的长墙留给不知名的艺术家去涂鸦。该中心开发公司的一位设计者想出了绿色活墙的主意，正如其名，就是用绿色植物覆盖这堵墙。

在这堵墙阴凉的北面，植物组合的灵感来自设计师的家乡德文郡——英国一个潮湿、温暖、阴凉的且岸边生长着品种丰富的植物的地方。为了建韦斯特菲尔德购物中心的绿墙，设计师选取了很多品种的蕨类植物和雪花莲等。而在这堵墙的南面，阳光更为充足，设计师选择了更抗旱的植物，比如景天属植物和羊茅草。这堵170米长、4米高的长墙非常有特色。上面5000个小模块里生长着20万株植物，把墙遮得严严实实。这堵墙成了购物者最喜爱的景点之一，而且面朝这堵墙的餐馆比看不到墙的餐馆好租多了——这也是自然价值的明证。

生态城市

再上升到比较高的层次，不仅仅是在新开发区，还有在重新塑造整个城市环境方面，有没有新的灵感？我们到底还能做点什么？这个答案可以到韩国首都首尔去找。2003年，经过了几十年密集的城市化建设之后，首尔决定恢复一条河流来找回都市的自然景观。

这条河流就是把整个城市划为南北两部分的清溪川。它由附近山区的众多支流汇集而成。随着城市在20世纪50年代的迅速扩张，这条河流成了一条敞开的下水道，塞满了垃圾，于是人们决定用建筑工程把它盖起来。20世纪70年代初，人们在河道上方盖了一条四车道的高架公路。这条公路进一步加速了这一区域的开发，使得这里成了整个城市堵塞最严重、污染最大、噪声最大的地方。

2001年的市长竞选中，有候选人提出要拆除该处公路恢复河流，提出可以用快速公交系统来代替要拆除的道路。最后该候选人赢得了竞选，并把这一政策付诸实施，河流最终回来了。

那条三英里长的柏油马路被拆掉了，变成了三英里长的清澈流水。河流的两岸建成了绿树成荫、鲜花满地的人行道，很快就有了各种鱼儿、鸟儿和昆虫。树荫和流水让周边环境凉爽了不少，这里的平均气温比整个城市低了3 ℃。曾经是城市发展象征的水泥高架公路，被新的绿色标记——流水潺潺的城市中央绿地替代了。

当然，这一非同寻常的宏大计划也不乏遭受批评和指责。当地商业机构就很不满，所以这么一个充满争议的高调政策政治风险很大。让人欣慰的是，政治家努力促进人们与自然接触的良好心愿得到了回报。

更大规模的挑战发生在中国。那里每年都要开发大约10亿平方米的城市空间（占了全球总数的一半）。比如，奥雅纳——英国工程顾问公司在北京附近（河北廊坊）开发了一个叫作万庄的“生态城”。

这一开发项目背后的理念是要将这片未来的新城区与自然紧密联系起来，做到鱼与熊掌兼得。为达到这一目标，奥雅纳在设计中利用了技术含量不高的自然光照和通风方式，在开发中保留当地的植被和野生动物。项目面临的一个难题是，这一区域本来就缺水，而且随着气候变化，这一问题还会更加严重。为了充分利用现有的水，奥雅纳公司提出了都市农业和粮食生产体系的概念，用来生产水果和蔬菜。奥雅纳的彼得·赫德是这个项目的设计师之一，他说：“这么做能为新社区提供百分之百安全可靠的水果和蔬菜，同时极大地减少耗水量，还能让农业收入翻番，增加农业相关的就业岗位50%以上。”

这一全新的项目工程，要是真能照赫德和他团队设计的蓝图全面建成，将为全球生物友好的城市设计提供完美的实际操作典范。要是那里开发的境况能接近“生物圈2号”的目标，像艾伦梦想的那样把生态圈和生物圈结合起来，那么万庄生态城就是这一理想的现实版了。

重建联系

以上所有例子都证明，与大自然重新建立联系能够为生活在城市里的人们带来巨大的健康福利——尤其对社区内较低收入的人群有利——而且也绝对能从经济上实现补偿，创造一个能吸引投资和消费者的良好环境。

各个环保机构之所以要鼓励人与自然进一步接触，还有一个重要的原因，从前面各章我们已经看到，大自然为我们所做的很多工作都在被削弱。如果我们想停止甚至扭转这一趋势，成功的关键就是要获取公众支持，改变人们的生活方式。

在多年的环保宣传工作中，我好不容易明白了科学和数据的理论作用只能到此。为了争取获得更多利于自然的政策，我们的宣传工作必须动之以情、晓之以理。不断增长的城市消费主义，让人们与大自然的接触越来越少。这就意味着，鲜少有人对生态问题有亲身经历。要知道，仅仅在过去50多年的时间里，环境就完成了这样的改变。

举个例子，我最近看了一本关于淡水鱼观赏的手册——这本漂亮的口袋书里介绍了生活在溪水、河流、湖泊里的82种淡水鱼，可它竟然是在第二次世界大战时期出版的。能在那个资源紧张的时期出版，是因为它被定性为一本教育类书籍，也就说明了人们当时的生活重心是什么。即使是在危难当头之际，人们依然把自然看得那么重要。这本书的前言里，作者写道“有些鱼是尽人皆知的”。我很怀疑到了今天，这句话还能不能这么说。

近几十年来，人们慢慢与自然疏远，因而很多人一听到环境保护就摇头不理。以这种态度，想让他们做出改变以保证大自然继续为我们服务的概率是微乎其微了。这也是我们为什么要投入更多的努力促使人们去接触大自然的另一个原因——让他们与地球真正联系起来。

重建这种联系的工作，其实没有听起来那么宏大或者艰难。学校、城市规划者、开发商和拥有土地的公共机构能做的事情很多，这也应该是国家政策制定的一个追求目标。毕竟，政策制定者不是一群拿着法律来让我们生活得更美好的陌生人。1848年，英国国会通过了《公共卫生法》，保证了饮用水的卫生，由饮水传染的疾病迅速减少。1956年，英国国会通过了《清洁空气法》，大幅限制了空气污染物的排放，拯救了当时每年成千上万险些因呼吸道疾病丧命的人。这些措施当然促进了公共健康的发展，这些社会进步也都是基于人们的知识增长，因为大家明白了我们对待自然的方式反过来会影响我们自己的切身幸福。

或许，能证明人与大自然多接触大有裨益的科学理论可以理性地促成新法律的颁布。比如，限定新建住宅与绿地之间距离的最低标准；发布官方规定，让学校必须保证孩子们每月有几天在大自然中活动。

以上提到的这些，都可能对营造将自然放在中心位置的政治理想和公众意识有所帮助。不过，为了保证我们能维持自然提供基本服务的状态，首先要仰仗经济学来实现大规模改革。

自然资本支撑金融资本——圭亚那热带雨林

Chapter 11 | 错误的经济政策？

> 6.6 万亿美元 —— 人类活动每年给全球环境造成的损失（占全世界 GDP 的 11%）
> 720 亿美元 —— 为扭转动植物大规模绝迹趋势，每年要付出的金额（占全世界 GDP 的 0.12%）
> 两倍多 —— 哥斯达黎加 20 世纪 80 年代末以来森林覆盖和人均 GDP 的增长

1975年，最具深刻意义的当属在这一年人类的需求第一次超过自然系统所能提供的资源。直到这一年，人类从直立行走到进入太空时代，地球都基本能满足我们的所有活动，能够自我更新被消耗掉的资源。1975年之后，就不行了。

当然，这一简单的结论背后有各种层面的复杂背景，不同时间段有不同的趋势（例如，鱼群的减少和大气层中二氧化碳的累积）。可是无论如何，这一结论为判断我们对整个生物圈的整体需求提供了有效的标尺。总之，情况是越来越糟糕了。今天，类似分析的结论是，每年我们消耗掉的资源是地球更新能力的1.5倍。

生态系统通常能够自我更新。这为我们提供了经济价值上巨大的服务和福利。它们有时候会被类比为经济财富，而且越来越被认定为“自然资本”。这种自然资本，跟金融资本一样能产生红利——对自然来说，红利就是前面章节里提到的那些服务和福利，比如肥沃土壤、清洁河流、捕鱼、控制疾病或者碳存储等。可是，我们早就不再是谨慎地保留资本不动、只使用红利。相反，人类疯狂地追求短期效益，造成资本本身在流失。

这一思维定式带来的后果，在当下正面临的经济危机中表露无遗。危机的起因正是国家、公司和人们都大肆消费资本而不满足于仅仅消费红利。当资本最终表现出枯竭势头时，混乱随之而来。国家和银行的紧急援助也许可以缓解信用恐慌，可是在最新出现的“自然恐慌”面前，我们根本没有相应的机制。让人不安的是，大自然是没有紧急援助的——至少，目前看不出有什么有效的援助手段。

1975年左右，我们跨越了吃大自然红利的门槛，开始吃大自然的老本。当时，世界人口即将40亿。到20世纪80年代中期，世界人口超过了50亿。1999年，又突破了60亿大关。2011年10月，世界人口已经70亿了。预计到21世纪中期，将超过90亿人。可是，比人口增长更麻烦的是，不断增长的经济及随之而来更为富足的生活方式的冲击。如果继续延续我们现在享受的高消费生活方式，从15亿到40亿人、50亿到60亿人，更不用说到90亿人，都继续按照我们现行的方式生活，那么到21世纪中期，需要3~5个地球才能供养得起人类。

数据可能很容易引起争议，但是有一点毋庸置疑：地球只有一个。就像“生物圈2号”一样，地球也是个封闭有限的系统，其可持续的供应力限度早已被突破了。确实，随着人类需求的不断增长，地球从生态意义上来说已经开始萎缩，陆地系统和海洋系统都已遭到破坏，正在枯竭和退化。

既然越来越多的科学信息证明了生态危机的严重性，可让人们直面危机怎么就那么难呢？我相信，其中必有很多相互关联的原因，有的原因甚至是非常基本的、涉及人到底是什么的终极问题。

当年我们还是狩猎采集者时的一些基本生存定式都还深埋在脑海里，它们从更新世[1]的时候就跟随我们一起进化到现在——这些定式倾向于短期效益。我们学会了趋利避害，抓住一切机遇。直到今天，我们的大脑还保持着这样的基本定式。我们的下意识反应就是要通过各种选择保护家人、追求舒适和一定程度上的安全。这些选择基本上是基于短期效益，而我们又是群居动物，对社会地位及其带来的好处趋之若鹜。

正是这些定式决定了我们大部分的行为，从古至今，理智的人无不如此。不过，从整个社会来看，或者说从维护生物圈这个问题上来看，这些定式未必理智。因为能给个人带来最大利益的决定有时会导致大范围的负面后果——对社区、社会甚至整个人类不利的后果——尤其是那些属于尚未降临的未来的后果，更让人们难以想象。

这种本能的短视主义早在更新世的时候就定格在我们头脑里了，在前面章节的描述中也可以看得很清楚：过度捕捞、破坏土壤、大量浪费淡水资源、乱砍滥伐森林、猎杀珍稀动物，以及无限制地排放污染物。尽管这些行为造成的社会经济成本很高，可是具体到个人，关心更多的却只是自己的得失。这种只看重眼前利益的态度，在实施大部分经济行为时尤其明显。

资本的惩罚

现代经济中主要有两类决策者：政府和私有企业。二者都是受短期效益

1 更新世（Pleistocene）是地质时代第四纪的早期，距今260万~1万年。这段时期的显著特征为气候变冷、有冰期与间冰期的明显交替。更新世的生物群非常接近现代的形态，许多“属”一级的生物，甚至包括松柏科植物、被子植物、昆虫、软体动物、鸟类、哺乳动物和其他生存到今天的生物，已经在此时出现。人类也在这一时期出现。

刺激和控制的。

前德意志银行印度分行资金部总经理、经济学家帕万·苏克德夫，一直以来积极推进环境经济学的发展。他现在是引人注目的生态系统与生物多样性经济学项目的领头人。他跟我说，虽然现在有些公司明白转变自己的运营方式非常有必要，“可是短期利益的压力非常强大，他们也只能一切照旧”。

确实，近年来盈利的要求越来越强硬，究其原因不只在于技术对股票交易的冲击。20世纪80年代，人们买了股票一般都会持有几年再卖出。可现在，买了股票都是几个月、几星期甚至几天就要卖出。这是更加复杂的股票管理策略指导出来的结果，当然也是交易成本降低和信息技术进步的结果。管理层的奖惩只看股票表现，法律要求上市公司每季度公布财报的压力进一步强化了短视主义。这些原本旨在防止欺诈的措施，却在不经意间让持股人把焦点放在了逼迫管理层追逐更加短期的利益上，以确保每3个月就给股东一个良好回报。可是这类短期的行为对大自然产生的影响却可能长达数十年甚至数百年之久。这种短视的做法，完全把支撑我们的自然体系排除在考虑范围之外了。难怪股票交易量不断攀升，整个过程越来越疯狂，可是对于“利润是如何创造出来的”通常却无人关心，就算关心也只是一知半解。

理查德·伯里特也是一位对自然及金融资本感兴趣的银行家。他担任过联合国环境规划署金融倡议项目（Finance Initiative）的副主席，非常清楚大自然和金钱是如何结合在一起的。金融倡议项目的目标就是要帮助金融以可持续发展的方式运行。为达到这一目标，他与大约200个组织合作，这些组织包括银行、保险公司和各种投资机构。

伯里特一直强调金融界的规模以及它对世界运营的基础作用。“机构投资的总值大约是80万亿美元。其中包括养老基金、共同基金、保险基金、主权财富基金、对冲基金和私募基金。他们利用股票、债券和其他金融工具获取回报，赚取利润。”他说，“各大公司也开始考虑自然资本作为经济基石的问题，但还没有成为主流。”他认为，问题可能在于一个基本的误解。“在经济学中，你的股份就是你的资本，你的红利才是收入。可是同样的事情到大自然这里就不适用了，大自然被看成现金流而非资本。”

换句话说，自然资本的形式（森林、土壤、渔场和其他资源）都是用来套现获利的东西，这一过程就只被看成源源不断的红利，而非资本的付出——可实际情况是这些资本都一去不复返了。现在赚钱的行业全靠自然资本支撑，还全都是免费套现的。它们还在不断地加速本来就已经很快的消耗过程。这从某种角度来说非常符合经济原则，也正是我们这个世界运转的主要驱动力。

从在这一过程当中大展身手的人的公开声明中可以看到他们的思维定式。段阮德是越南企业集团宏安加莱的创建者，他的公司成长迅速，2012年市值达到10亿美元。段阮德经营着获利丰厚的企业，很多投资者都乐于购买该企业的股票。可要是仔细研究一下他做生意的方式和态度，就不能不提出一个问题“到底什么是社会认同的好生意？”在谈到与土地和森林的关系时，段阮德在2009年末说过一句话：“自然资源是有限的，我必须在它们消失之前赶紧捞一把。”很不幸，像他这样的人并不是少数。

这种对待自然资本的态度就像是遍布整个星球的庞氏骗局。庞氏骗局是一种金融诈骗方法，2009年伯纳德·麦道夫因为涉嫌数十亿美元的诈骗，最后被定罪而广为人知。此人的手法就是拿资本来支付红利，并不断以此诱骗更多投资者加入他的投资计划。这样，慢慢就会需要越来越多的资本来“返还”给投资者，也就只能靠吸引更多的钱来运转下去。这样的骗局最后当然一定会崩溃，唯一不确定的只是何时崩溃。

很不幸，同样的事情也发生在自然资本上。自然资本被当作某种红利或利息，导致本金被用光也只是时间问题。伯纳德·麦道夫被判入狱150年。我相信对那些在这场骗局中失去了终身积蓄的投资者来说，肯定觉得极刑才是其罪有应得的。可是到了自然这里，没人会进监狱。某些人所犯下的生态版庞氏骗局越是宏大，人们越是欢欣鼓舞。那些实施骗局的人还一个个平步青云，升官发财。

为了挑战这种坚持把侵吞自然资本当作高品质经济收益的观点，伯里特的联合国环境规划署金融倡议项目，请一家名为Trucost的公司研究人类活动对自然资本的影响，最后得出的结果令人震惊。最惊人的估算就是，2008年全球被人类各种活动破坏的环境损失，经济价值高达6.6万亿美元——占全球总GDP的11%，其中约三分之一（2.15万亿美元）的损失是由全球排名前3000的企业造成的。

伯里特解释说："可以这么说，有超过2万亿美元的损失成了那些大公司的补贴，因为要是这些成本都反映到会计账面上，这些所谓的大公司都是亏损的。"他认为有的"普遍所有者"——通过股票市场投资的养老基金和保险公司——应该对此特别关注："总有一天整个系统会到一个崩溃临界点，也就是说最终不会有什么赢家和输家，只有幸存者和失败者，因为整个体系的价值都会遭受重创。"

伯里特认为，把这些利用自然资本产生出来的虚假利润剔除的过程，必须引起金融界的重视。"在我看来，这些公司都应该成为更负责任的主人，应该积极寻找体系层面的变革，包括更好的会计报告系统。必须把所有的成本都计算进来，不应该只算眼前收益，还应该把自然折合成资本。当然，这么做会遇到很多难题，因为要把以前一直认为不用计价的东西都赋予一个价格。这就要求系统中的人领会到大自然是工业、制造业、社会和金融资本最基础的基石。"

如果大家能看看Trucost公司的研究报告，也许伯里特的观点就一目了然了。如果我们还像以前一样做生意，那么到2050年，人类每年给大自然造成的损失将达到28.6万亿美元。到那时，大自然的萎缩将给金融资本造成无可挽回的冲击——例如，农业生产力会受打击，或者水资源的缺乏导致工业成本大幅提升。

说到这儿，把那数万亿美元放进去考虑可能会对大家的理解大有帮助。前面已经提过科斯坦萨和他同事们突破性的研究（1997年发表在《自然》杂志上），这项研究估算出大自然每年产生的经济价值几乎是全球GDP的两倍。也就是说，每年由森林、土壤、湿地、草地、珊瑚礁、红树林、海洋和其他自然系统提供的福利，其价值是各国官方统计总额的两倍。随着这些自然资本渐渐地缩水，再加上栖息地的丧失、资源过度开发、环境污染和气候变化等，GDP的持续增长毫无疑问也会受影响，因为全球规模的庞氏清算只会自我毁灭性地维持“增长”。

约书亚·毕肖普是世界自然基金会的自然资源和环境经济学家。他曾经跟苏克德夫一起担任生态系统与生物多样性经济学项目的商业和企业协调员。他认为，商业公司需要好好考虑一下他们能如何实现对自然资本的积极贡献。他跟我解释时说：“商业公司理所当然地认为自己应该对金融资本做出积极贡献；如果做不到，你就失业了，连首席执行官都得被炒掉。投资人对‘给你的资本能带来多少回报’是有基本要求的。可是对自然却没有这个要求。大家都在说要怎么把对自然的影响降到最低，几乎没人会说要做出积极努力让自然在一个项目完成之后比开始之前更好。现在，仅仅是减少破坏已经行不通了，已经到了所有公司非得做出积极贡献不可的地步了。”

毕肖普的结论得到越来越广泛的赞同，包括一批为数不多但颇具影响的公司决策人。不过，私营企业在这方面的走向主要还取决于政府政策、法律以及实施的刺激措施。从这里又能看出，生态世界和经济世界完全是两个不同的世界。

政府承担着几个至关重要的经济功能。它们收税然后再把钱花出去，调控公司能做什么、不能做什么，建立起经济框架，设定策略和措施来引导公司行为。可在设计这一切的时候，基本没有考虑大自然为我们所做的，而且也是由短期效益压力驱动的，与那些大公司的行为基本上没有差别。

苏克德夫认为，私营企业的行为和政府利益之间存在着不良的互动。“政治家关心的是GDP增长、失业率下降和控制财政赤字，而且只关心他们执政期内的这些数据。谁能帮他们解决这些问题呢？商业公司。比如，它们占经济总量的70%，就业率的60%，也是纳税偿还财政赤字的主力。所以，政客们回过头去看自己的政策能不能给公司带来好处是再自然不过的事了。”

这还不仅仅是短期效益压力的问题。大部分的民选政府都是4年或者5年就会换届。所以，当我们需要放眼未来几十年去做计划的时候，往往却不断地被拽回最多只有几年的计划框架里。

结果就是，尽管近几十年来，各国政府出台了一些算不上强烈的措施来限制经济增长给自然系统带来的严重的破坏，但在改变整个经济体系以维护自然的正常发展方面很少有什么值得称道的作为。相反，随着近来经济危机的出现，有些地方的情况甚至变得更糟糕了。2011年，英国财政大臣乔治·奥斯本说：“我们不能靠把国家弄得破产来拯救这个星球。”他的话充分代表了政客对长远使命的态度。

在当今科学一再告诉我们生态和经济之间有着紧密联系的前提下，以上言论就显得很不合时宜了。我们已经看到，经济百分之百地依赖自然，可现在经济却在破坏自然，而这些破坏是可以计算出经济成本和风险的。所以，从某种程度上来说，维持自然资本是保证经济而非自然的正常运转。可那些经济学家为何不能理解这一点呢？

苏克德夫认为，这主要是由经济学家接受的训练方式导致的。“当今大部分经济学家在学校学的知识，仅限于自由市场经济和人工设计的模式，没怎么学过外部效应。”他对我解释说，外部效应是一个用来描述一场交易中第三方得失的术语。“比方说，我是个汽车制造商，卖给你一辆车。我高兴，你也高兴，可是旁边那位女士却因为呼吸了我生产的、你购买使用的汽车排出的废气不高兴了。这就是外部效应，也就是对别人产生的成本。对大自然来说，传粉者的消失、洪水的泛滥、野生生物的减少，都是我们这个经济体系产生的外部效应。”

虚假经济——抑或生态经济?

以我30多年生态工作的经验来看，绝大多数给领导人当顾问的经济学家或多或少都有这种短视的情况。不过，要是主流经济学家能就不断增长的全球经济规模和大自然的容纳能力之间的巨大差距达成更加一致的意见，结果又会如何？这是个非常宏大的问题，要回答它，最重要的一点就是看我们还有什么样的选择。基本说来，有以下三种。

第一种选择说起来很简单，就是一切照旧，继续追求短期效益，挥霍更多的自然资源。这样下去会导致大自然提供的福利和服务一个接一个地中断，最终让经济付出代价——例如，保险金的提高、食物和饮水价格的上涨以及因气候变化带来的一切损害等。随着我们的需求和自然能力之间的差距越来越大，这些代价可能是灾难性的。

在关于“如何对待自然资本”的辩论中，宣称“照往常一样做生意绝不可能”已经成了一种时髦。这话说起来很好听，但却与事实相背离。因为这正是我们目前在实施的选择。它顶多只是“平衡”人类需求与环境之间的关系的说辞，我们行进的大方向实际没什么改变。这不是一个好选择，可是也无法排除。

第二种可能的选择是技术革新——仍然保持这个经济体系，但是用技术方案来改变农业的生产方式、水资源的管理方式、提高资源和能源利用的效率。在推动技术革新的过程中，超级高效和可更新的经济也就形成了。这个选择听起来很有吸引力，而技术就将成为至关重要的一环。然而，光有技术还不够，因为经济增长产生的需求和自然服务的供应能力之间，差距实在太大了。

除了以上提到的之外，最重要的是要记住自然为我们所做的一切是不可能轻易（或者从经济上来说）被技术发展所替代的。我们已经看到的例子有：天然森林和土壤的碳存储能力；海洋的生产力；土壤里微生物发挥的作用；植物光合作用的初始生产过程；珊瑚礁对海岸的保护；大自然进化过程中产生的设计方案等。

虽然我们不能否认技术的重要性和强大作用，但仍有第三种选择，可以简单地概括为“生物经济”的转变。这个名词其实早就在用了，只不过有时其含义比我说的稍窄。生物经济的转变可能会促进人类经济发展和大自然——生物圈和“购物圈”的无缝一体化，最终我们从自然中获取的收益不会对自然继续为人类提供生存所需的服务产生任何负面影响。我们的经济将会变成自然的一部分，而非像现在这样不断地从自然中剥夺财富来庆祝“增长”。

生物经济的成败主要取决于其能否把人类需求融入自然，妥善利用自然资本，只使用红利。生物经济鼓励人们精心管理大自然，其发展策略建立在对“大自然能做什么、不能做什么”的清晰理解之上，保证每次破坏大自然所造成的损失绝对不超过它完整无缺时所提供的福利价值。万一对重要的自然系统造成重大破坏，能有一套机制来补偿失去的功能。

从某种程度上说，第三种选择可能与“生物圈2号”背后的设计理念一致。在维护自然环境的过程中，还利用了新技术和工程学。同时，维护生态圈和生物圈，就好像一个是另一个的子集（现实中就是如此）。而且，这种融合不仅是实用和操作层面上的，也是审美、社会和文化层面上的。市场也是生物经济的一部分，对大自然的破坏成本，在市场上必须有真实标价。

在“生物圈2号”，8个人靠维护着一个小小的“自然”生存了下来。同样，在地球这个大生物圈里，约80亿人也能做到，全看我们选择如何安排生活。曾在“生物圈2号”生活过的居民尼尔森说：“我们的任务之一就是在自然的多样性受到威胁时出手干预。这种干预的满意的效果，是因为这不是我们与环境的关系，而是我们是环境的组成部分。我们有责任照看它，我们必须同舟共济。”

把经济放到大自然中去，需要一整套全新的机制、法律、政策和文化。我们能做到吗?

新经济学

金丝雀码头是世界上举足轻重的金融中心之一，那一带建于20世纪80年代的标志性建筑高高耸立，作为伦敦市的一部分，这些崛起不久的摩天大楼看上去似乎与自然的距离很远。可实际上，这个由股票价格、奇特的金融和再保险工具组成的抽象世界，也与自然世界有着根深蒂固的联系。

从名字上就可以看出来。几百年前，这里曾经是香蕉等来自金丝雀群岛的海外产品的卸货港。这个金融中心最初的财富积累建立在阳光灿烂的海岛、肥沃富饶的火山灰和葱郁的雾林上。

尽管随着时间的推移，我们的金融体系变得越来越抽象，这一事实也就变得越来越模糊，但无论如何，这个城市的财富仍然依赖着上述及其他自然财富。虽然我们把经济学和生态学从概念上疏离了，却还是有可能把自然放到未来发展的中心，同时纠正那些短视思想。

多年来我一直在游说各个商业公司，让他们相信他们未来的商业成功必将有赖于跟自然建立的智慧关系，而这就要求超越季度财务报告的前瞻性。

现在，这一努力终于得到了一些积极的回应，甚至能看到重大变革的兆头。

很多地方都能看到变革。例如，2012年，我应邀在英国伦敦国际节能环保及绿色建筑展上讲话。这个一年一度的展会发展迅速，从少数先锋人士的组织演变成了大规模的主流聚会。参展的不仅有著名“绿色”企业，还有各大建筑公司。走进伦敦东区巨大的艾格色展览中心，你可以看到一个新世界正在兴起：1600多个参展商各显神通，展示着各种能在短时间内帮助我们朝类似于“生物圈2号”方向建设和翻新社区的“生态圈”方案。

看着这些展览，我想起了艾伦跟我提到的关于他设计“生物圈2号”这个项目时的理念。他的目标是创造一个既能维持我们生命，又能培养人文精神的生存空间。看着展览上表现出来的活力、专注和灵感，我对我们能够在全球开展好这项工程有着强烈的信心。只要我们愿意，保护、发展好“生物圈1号”这个生态圈，就能保护、发展好大自然的服务。

不只从专业人士的行业展览上能看到这类变革迹象，一些具有生态意识的领导者也开始在各个行业和商业领域崭露头角。

美国英特飞模块地毯公司就是这么一个急先锋。1994年，这家公司的首席执行官雷·安德森有了“茅塞顿开”的灵感，这个灵感是在他读到保罗·霍肯的《商业生态学：可持续发展的宣言》后突然闪现的。安德森本来只是为一次演讲寻找一点想法，结果却找到公司发展的新方向。他把自己的新思想叫作“零使命”，即公司到未来20多年后要把对大自然的负面影响降到零。

在很多人看来，零使命几乎是个不可能实现的梦想。安德森却毫不动摇。他带领自己的团队坚定不移地努力着，把公司研究了一遍又一遍。结果非常出人意料，不仅使公司对环境的破坏大为下降，而且业务还获得了大规模发展。这证明了基于生态驱动的新商业模式有着巨大价值。公司业务的一个重要变化就是把地毯销售变成了地毯租赁。最新的制造技术和废物循环技术得到全面应用，同时还提高了生产效率，降低了成本。公司现在利用漂浮在海洋的塑料废物制造新地毯，把从海滩上收集来的废弃尼龙渔网作为原材料送进了公司的生产车间。安德森2011年8月去世了，享年77岁。就在他去世的当年，他认定公司零使命的目标已经完成了一半。

近年来，英荷合资的消费品生产巨头联合利华公司也成了这方面的领袖。2010年，该公司启动了一个可持续生活计划，目标是到2020年把自己对环境的影响降低一半。联合利华公司的品牌涵括广泛，从洗衣粉到冰激凌，从浓汤宝到红茶等，无所不有，公司每天为数以亿计的消费者服务。这个项目得到了公司首席执行官保罗·波尔曼的大力支持。

波尔曼发起这个可持续生活计划的时候，有财经新闻记者想知道新的自然友好策略对每季度的财务报表意味着什么。波尔曼回应说："请那些只看重短期效益的投资者把钱挪到其他地方去。"这话我可从未在其他大公司里听到过。

波尔曼在一篇文章中说，现代企业的"短视主义"——"季度资本主义"——是当今很多问题的核心症结。还有人引用他的话："要是你相信联合利华公司的长期价值积累模式，一种平衡的、共享的、可持续的发展，那就来投资我们吧。要是你不信，我也很尊重你的选择，不过就不要把你的钱投到我们公司了。"

著名零售商玛莎百货也走在了环保前列。它启动了A计划（本来就没有B计划），在全公司采取生态战略。前任首席执行官斯图亚特·罗斯说，A计划展开后，一开始有来自内部的抵触，老员工们都害怕这会增加太多成本，降低公司凝聚力，让顾客无所适从。结果，三个方面的结果都正好相反：它节约了经费，激励了员工，还受到了顾客的欢迎。

还有一个令人鼓舞的创新来自德国运动用品企业彪马。他们发明了一套体现环境影响的会计方法。这一方法的引进不仅仅是因为想要做正确的选择，还因为公司看到了提高风险控制的机遇，这些风险包括从自然资源消耗到商品价格的波动，以及公司声誉的潜在损害等。

很多商业管理层意识到新商业环境已经出现，彪马的首席执行官约亨·蔡茨就是其中之一。“很明显，商业界在决策中未考虑到大自然，”他说，“生态系统对绝大多数公司的业务来说生死攸关，因此未来引进自然服务的真实成本会对公司盈亏总额产生深远影响。”

最近，这个大问题在商业理念上有了令人欣慰的真实转变。2011—2012年，我为剑桥大学可持续发展领导力项目服务，这一项目旨在帮助一群私营企业的管理层在讨论可持续发展的 2012年“里约+20”峰会召开前建立明确的观念，知道该如何对待自然资本。

项目最终通过了一条声明，一些世界著名大公司的负责人都签了字。项目还指出了一些明显的事实：这个世界没有拿出足够的决心来回应可持续发展的挑战。他们宣布：商业底线——以及全球经济的底线——要建立在生态体系提供的产品和服务以及自然资本的各组成部分之上。政府和公司必须明白，所谓经济发展和维持自然资本之间的选择是不存在的，必须采取措施创建一种能同时达到这两个目标的新型经济。听上去，我们又朝生物经济迈进了一小步。

在签署这份声明的大公司中就有翠丰集团，英国一家规模极大的建材家居零售集团——同时也是对木材、木板和纸张需求大到可能要整个瑞典面积那么大的森林才能供应得起的企业。其他签署者还有奥雅纳工程公司、雀巢公司和玛氏公司。每一家公司都在生产用水、土壤和农业生产上面临着同样紧迫的情况。

公司的行为与自然的能力保持一致的努力，其实也是应消费者的要求。比如，标有“可再生”的木材在2005年到2007年销售量翻了两番；全球有机食品的销售额在2007年达到了460亿美元，是1999年的三倍。

虽然以上事实令人鼓舞，但是大家对那些影响商业界基本形态的动力并未抱有幻想——利润。只要涉及钱，自然总是被放在第二甚至第三考虑的——或者根本就不予考虑。这就有必要通过透明、严格、全面的报告体系来推动公司把环保实践做到最好了。

现代公司的很多做法，其实跟维多利亚时代没什么区别：公司报告只需集中在金融信息上。有关自然资本的部分完全属于自愿范畴，通常来讲，完全被连篇累牍的财务报告湮没了。公司与公司之间也无法比较，对于抱有“自然资本优先开发原则”的投资者来说，基本上毫无用处。因此，人们呼唤所谓“一体化报告”的出现。公司报告应该提供全面信息，让人们掌握公司所面临的机遇和风险，包括与自然资本的关系。有人认为，这些需求应该成为法定要求。

对掌控着前面提到的80万亿美元的金融界人士来说，这样的报告能让他们看清一家公司到底在干什么以及其影响自然的风险在哪里，这样他们才能结合保护自然资本的长期目标，深思熟虑后决定把钱投向哪里。也许他们会这么做。苏克德夫认为，“全球都在努力帮助公司方便地计算出他们业务的外部效应价值。当你能计算出来的时候，你就没有忽视它的借口了”。

如果想要私营公司在这条路上走下去并且想要动作快，那么就需要政府在这个方向上发出相关的信号，以帮助他们快速走上正道。近几十年来，我们已经引入了很多法律，诸如治理污染和保护重要的自然区域等，但这还不够。想要继续保持自然给我们的福利，不仅需要看到治理有关特定污染物的行动，还要体现在国家经济当中。

基于“生物圈2号”的经验，尼尔森也得出了自己的结论：“保护和维护很重要，可真正的问题在于如何在不破坏整个系统的情况下保证人类经济运转下去。世界上绝大多数地区在保护自然体系真正脆弱的或者极其关键的部分上都做得很好。可更紧迫的是，我们生活在这个生物圈内，该怎样才能在保持环境完整的情况下仍然在经济上受益？”要回答这个问题很不容易，幸运的是，还是有几个能帮我们起步的好例子。

寻找自然的价值

在第二章里，我们看到圭亚那前总统是如何实现本国丰富的热带雨林资源的经济价值的。他的计划是让人们明白树木吸收和存储碳的经济价值，确保森林继续为全世界做贡献。

还有一个动员全国人民去寻找自然的经济价值的是哥斯达黎加，其领军人物就是其前环境和能源部长卡洛斯·曼努埃尔·罗德里格斯。我与罗德里格斯在世界银行的好几个项目中都合作过，这些项目都是帮助世界银行采取更加可持续发展的方式的。我对他的经历和成就印象非常深。

他向我介绍了哥斯达黎加过去在短期经济压力下乱砍滥伐森林的情况："我们是美国的近邻，20世纪70年代快餐业迅速崛起，对牛肉的需求猛增。于是，我们开辟了大型农场来满足他们，一时间砍伐森林建牧场达到了顶峰。之前，我们本来是世界上人均森林面积极大的国家，那时候我们也没有意识到自然和森林的真正价值。"

之后哥斯达黎加为了保护森林建立了国家公园，不过这还不足以保护这个国家丰富多样的生物，还需要进一步努力。20世纪80年代，人们更多地开始关注经济修复措施。罗德里格斯认为形势开始变化了，他说："我们知道要保护森林必须让人们明白活着的森林的价值比砍掉去养牛的价值高多了才行。所以我们采取了很多保护森林的刺激措施，利用补贴、减税和直接支付现金的办法奖励保护行为。好不容易才扭转了森林消失的趋势。"

然而，这不是一个可持续发展的政治策略，因为这种做法对国家的财政来说负担太重了，而且没有因此受惠的直接证据："财政部的人无法正确计算这项投资的价值。他们看不到保持健康生态体系和它们所提供的环境服务的价值。我们意识到需要提供一些保护环境所带来的经济价值的信息。”

到20世纪90年代初，罗德里格斯和他的团队开始给出其他理由，一开始是基于自然的旅游价值信息：“生态旅游发展迅速，可以用作说明受保护地区的价值。”然后，他们又发现可以从森林对水电部门产生的价值上采集有效的数据。树木先储存然后再释放水分，流到河里，水库水位上涨，最后推动涡轮产生电能。森林减少，水量减少，电力也就减少了。

以前，财政部长总是说健康、教育、新建基础设施和消灭贫困都比保护大自然重要。这次，罗德里格斯准备了大量新信息：“准备充分后，我们又去见了财政部长，还带着经济学家一起去。部长见到经济学家就聊开了，他们能说到一起去，这时转机出现了。现在，大自然经济学已经嵌入哥斯达黎加的国家机制里了。”不仅自然区域得到了保护，大片遭到破坏的森林也都恢复了。“20世纪80年代，我们的森林覆盖率是21%。因为我们的努力，现在森林覆盖率达到了52%。”

罗德里格斯告诉我，最让人惊喜的是这期间人们的生活水平也提高了。“森林覆盖率最低的时候，我们的人均GDP是3600美元左右；现在森林覆盖率差不多翻了一番，而人均GDP也达到了9000美元。”能源方面也有惊人的改善。“1985年，哥斯达黎加只有一半的能源是可再生能源，另一半靠的是化石燃料。25年后，我们生产的92%的能源都是可再生能源。”

罗德里格斯随后指出，这不是说森林恢复了，能源也就自动绿色了，人均收入也就必然提高了。他所说的这些事实只是说明，保护和恢复自然资本的同时也可以取得经济的发展。很有必要强调这一点，因为很多政府显然还不理解或者不相信。

在哥斯达黎加，对自然的珍惜已经让他们建立了一套崭新的政治经济思维。罗德里格斯说：“我们都明白，不保护生态系统的健康就没有长期的经济发展。每年我们都会实现生态发展目标，里面包含经济和社会的信息，这样就可以看到我们整个国家的发展。只要我们能展示健康的社会经济非常有赖于自然的健康，大多数政治家就会看到我们的努力。其实这全是为了人类本身，而不是为了自然。”

这就是应用于国家层面的所谓一体化报告。这个引人注目的国家实践成果让这份报告异常精彩。

哥斯达黎加为我们提供了一个令人鼓舞的样板。作为一个国家，这个实践更有说服力。我询问苏克德夫发达国家中哪个在这方面比较先进。“挪威绝对是老大，”他说，“他们把挖石油赚的钱拿出来做公益。比如，承诺给印度尼西亚和巴西各10亿美元来帮他们降低森林砍伐率。他们从大自然中获得了一笔财富，就拿出来做公益，尽自己所能消除外部效应的影响。”

英国在这方面的立场就有点难以琢磨了。不过，2011年，英国也迈出了重大一步，建立了英国生态系统评估（UK NEA）。这项由政府出资的调查非常有意义，其结论跟本书提到的很多研究一致。它指出，大自然为英国提供了一系列至关重要的福利，强调这些福利有着巨大的经济价值，并提醒人们有些服务已经在退化，必须找到新的方法来保持它们。里面有详细的数据确认英国各种生态体系的价值，比如，英国林地存储碳的价值每年高达6.9亿英镑，改善河流水质每年带来的好处价值11亿英镑，湿地对海岸的保护价值估计是每年15亿英镑，而内陆湿地带来的福利总价值每年高达13亿英镑。

2012年，我参与了一些项目，为英国政府提供建议，帮助政府将这些评估结果嵌入到国家机制中，引导公司的商业行为，让他们重视自然资本的价值和保护。尽管困难重重，但却没有任何证据显示这项工作不能完成。从税务系统的改革到经济表现指标的修正，从贸易系统的更新到土地规划重点的转移，政府能够施展影响的方面太多了。

有个方法在国际上吸引了越来越多的目光，那就是“生物多样性补偿”（Biodiversity Offset）。这一机制是建立在追求自然“零损失”（No Net

Loss）的理念上的。也就是说，一个地方的损失必须以其他地方的恢复作为补偿。我在写这本书期间，为了实现“零损失”目标，设立了39个国家补偿项目，其中25个正在进行。这些项目根据实际需要，在规模和目标上大小不一。再比如，美国有个全国性的“湿地银行（Wetland Banking）”计划，其目标是刺激创建新的湿地来补偿已经被抽干或者是被改造为住房用地的湿地。在澳大利亚，每个州都有“零损失”的项目在开展。

在实施“零损失”计划过程中，谨慎一点还是很有必要。有的措施会产生一些有争议的结果，而且，如果把大自然放到市场上去交易，也会产生一些意想不到的结果。不过，作为一个没有办法的办法，加上正确的引导和保证公开透明的程序，这样的项目还是有其重要性和积极作用。伯里特就是那个经济机制中看到有潜力可挖的人。“比如，湿地补偿方面就很有市场。一个湿地遭到破坏，就再创建一个。要是一项开发破坏了现存湿地，人们可以购买湿地债务。这就给机构重建湿地提供了经济刺激，可以把湿地债务卖给开发商去做。这已经是一个20亿~ 30亿美元的市场了。土壤营养过剩方面，也可以采用同样的措施。”

这些经济机制可以看作跨越短视主义和追求自然的长期服务之间鸿沟的桥梁。此外，还有很多工具可以利用，而难题是怎么把它们大规模推广开来。这就需要远见卓识和领导才能了。

经济主义和宗教

为了走得更远更快，我们也一定不能忘了对待大自然的文化态度，要认识到文化的话语权远超过我们就某一个经济工具所作的争论。

就拿我们赋予碳的价值来说吧。明显是因为文化的原因，我们把树木当中的碳看得一文不值，可是同样由碳构成的钻石却认为其价值连城。钻石确实也有工业利用价值，但跟树木中的碳带来的气候方面的福利相比，这点儿价值完全不值一提。经济信号经常反映的是社会建构，而非理性的价值判断。

我到哥伦比亚参观波哥大城上面的帕拉莫高原，考察那里的水资源保护项目。有人提出，要想这个国家更好就得吸引国际采矿公司来投资，尤其是那些想挖金子的。因为金融危机，致使金价飙升，采矿公司可以趁机大赚一笔。可是，在等这种黄色金属吸引大笔开采投资的时候，即将受到采矿业冲击的水资源和森林资源却还在努力寻找经济地位来保证它们的完整，尽管它们所提供的服务才是人类最基本的需求。

有了这样的例子，再加上一些主流经济学者拒绝为自然资本提供一个合适的位置，因此有人会说经济学在价值上天生带有一定的色彩——“经济学主义”。对此，苏克德夫也有自己的思考：“经济学里有人盲目相信任何问题都可以交给自由市场去解决。新古典主义经济学的某些观点和个别思想家仍然影响着一代又一代的年轻经济学者。后者对自然财富不甚了解，却仍然在国家财政部门占据要职。问题是，我们到底该怎么应对这个后遗症？”

这是个好问题——同时也引发了另一个问题——我们的价值，尤其是那些从长远来看潜力更大的价值，到底来自哪里？

就像伦敦金融中心的摩天大楼一样，意大利阿西西的圣方济各教堂也是城里的地标。和伦敦现代化的高层建筑一样，它也是某种价值的象征。它的地位非常特殊，名字来自一位因为与自然世界关系密切而闻名遐迩的基督教圣徒——圣方济各[1]。古代著名画家乔托在圣方济各教堂的壁画上记录了这位

1 圣方济各（San Francesco di Assisi，1182—1226），又称圣弗朗西斯科或圣法兰西斯，天主教方济各会和方济女修会的创始人。很多圣方济各生平的故事与他对动物的爱有关。——译者注

圣徒向鸟儿传道的画面。这一著名的场面提醒我们，这位圣徒与自然界有着精神上的联系， 他认为世上所有的生物都是上帝神圣礼物的信念。可是时代变了，现在，人们大多认为自然不过是存放在地球上供人类享受物质生活的一堆资源而已。

世界上的主要宗教并非是可能激发人们寻求保护自然的方法的唯一途径。还有可能从整体上改变我们如何看待世界的力量来自这个世界上极大的产业——广告业。广告业笼络了世界上非常聪明的心理学家和沟通专家，对我们的很多行为乃至世界观的形成都有重大影响。难道不应该把这个强大的行业纳入我们的解决方案当中吗?

我认为回答是肯定的。不是说要费大力气揪出广告业里的不良成分来改变它的工作原理，而是与它的从业人员合作，灵活运用，也许就能利用它强大的影响力来达到我们的目标。

把地球建成一个花园

尽管人类已经拥有了难以置信的技术能力，却还较难到月球以外的地方。尽管那也只不过是1.5光秒的距离。没有地球自然体系的保护，人类能存活的时间很短。飞出去的宇航员必须回到“生物圈1号”来。仅有的几个太空站的维持时间倒是能稍微长一点，但也需要从地球不断地给其补充自然资本——食物、燃料和其他必需品。

甚至连无人飞行器也很难飞出过太阳系。1977年出发去探索太阳系外空间的两艘旅行者号太空飞船都携带了金碟唱片，里面储存了人类的故事、照片和地球上发生的文明奇迹，就为了万一碰到外星文明的时候能有个交流。飞了35年之后，它们已经到了太阳系边缘——这也就是这次实验的最远范围了，除了太阳之外，离地球最近的另一颗恒星是比邻星。不幸的是，比邻星与地球的距离是4.2光年。旅行者号的速度是每小时6万公里，大概要花7.6万年才能到那儿。即使这两艘飞船能到那儿，围绕那颗恒星轨道运行的行星中也没有像地球一样能支持生命的。

旅行者号的经历告诉我们一个冷冰冰的事实："生物圈1号"真的是我们唯一的家园。我们没有别的地方可去。无论我们的经济体系如何精巧，经济增长率多么高，或者科学技术多么先进，我们要是把生物圈弄坏了，让它无法再满足我们的需求、支撑我们的经济，那么我们将无处可逃。

从生态方面看，未来几十年是数百万年来最为关键的时刻。好消息是，我们预计到了人类对自然的需求会不断增长，我们有无数可以利用的工具来应对这个问题，很多已经在使用当中了，也显现出了其效果，还有一些还在开发中。现在的难题是，如何完善这些工具并把它们大规模应用起来。最关键的一点就在于经济学的变革，同样重要的还在于大众文化和社会的哲学世界观对我们集体选择的影响。

也许，一次就只研究自然的一个表面功能反而能让我们看得更清楚，比如最基本的服务：保险提供者、疾病控制者、废物循环者、健康环境的基础、净水设施、害虫控制者、大规模捕捉和存储碳的体系以及太阳能的最终转化机等。

展望未来，对于自然为我们提供的这些服务的必要性，我们还有任何争议吗？而且，随着人口的不断增长，我们还有多少时间来争论？可是，掌控着我们这个世界运行的人里面有太多人——如财政部长、总统、银行家、全球公司的首席执行官们——的行为并未觉得它是真实的经济现实，认为它完全无足轻重。他们认为只要不断促进经济增长，保持发展趋势，这些问题就都会迎刃而解。

好在，越来越多的人还是逐渐认识到了自然的经济价值。

然而，在我们的人口慢慢向2050年的90亿人甚至更多迈进的时候，自然真的还能坚持下去吗？很多分析家认为可以——我们的生物圈，只要好好对待它，就能够无限度地保持经济活力。不过，还是要警告一下：要想90亿人都能和谐地生存下去，我们的生活绝对不能是现在这个样子。

也许，当我们从70亿人向90亿人迈进的时候，可以拿“生物圈2号”的情形来设想一下。要是我们想往里面加人，而生物圈的规模又没有扩大，是不是就得要求里面的人改变他们的行为了？也许还得对里面满足人们需求的各个系统的维护付出更多心血？答案不言而喻。“生物圈2号”在不可避免的变化上与真实世界的“生物圈1号”唯一不同的地方，就是时间长短的问题。

我得出的简单结论是，我们必须采取完全不同的方式来看待自然和地球。要是我们能做得到，大自然就能维持下去，甚至还能提高。这是为了我们人类自己，还有其他生物的无限未来。我们要把地球变成一个大花园，培育并且管理好这个星球上的财富。我们要对自己的每一个决定负责。我们生产食物、开发城市都必须注意维护自然的完整，避免采用任何破坏其基本功能的方式进行建设。

要实现这一切的关键在于，绝对不能把自然与经济隔离开来，因为后者不是前者的推动力就是前者代价昂贵的破坏者。所有人都必须改变行事方式。“生物圈1号”还在运转，如果我们有决心，它是可以保持下去的。

当然，你也可以选择一切照旧。毕竟，大自然为我们做了些什么呢？

致　谢

如果本书在“大自然为我们做了些什么？”的问题上是一知半解，能让大家读下去，主要归功于无数朋友、同事和专家给予我的巨大帮助。他们无私地跟我分享了知识和观点，为我的研究提供帮助，并对我的书稿提出了大量意见和建议。

感谢我的朋友希瑟·巴蒂旺德帮我做了大量研究工作。我还要衷心感谢给了我很多帮助的约翰·艾伦、马克·尼尔森、德波拉·斯奈德、奇利·霍斯和威廉·登普斯特，他们跟我分享了在“生物圈2号”里的经历。克兰菲尔德大学的简·里克森和吉姆·哈里斯跟我分享了他们在土壤方面的研究成果。玛蒂娜·吉万展示了她在土壤微生物方面的研究进展。乔·布尔贡献了他有关赛加羚羊的研究（以及其他）成果等。我还要感谢保罗·麦克马洪，他给我解释了食草动物是如何增加土壤里的碳含量的，还有阿兰·奈特也在这个问题上与我分享了很多见解。剑桥大学的费莱姆·朱·厄姆加森在“珊瑚礁为我们提供的服务”上给了我非常宝贵的指点。

查尔斯王子的公益机构国际可持续发展小组的安蒂莲·格林玛德，以及圭亚那曾总统顾问凯文·霍根帮助我把森林和碳存储联系在了一起。我要感谢南澳大利亚州旅游协会的大力协助，他们带我参观了袋鼠岛和南澳大利亚州的弗林德斯山脉。我还非常感谢雷·乐威为我安排了以色列的旅程，收获颇多。还有大卫·弗思和鲁斯·亚赫尔，他们是雷·乐威介绍给我认识的，给了我很多很有见地的观点。

我的女儿马蒂·朱尼珀也帮我做了调查和计算工作，这样我才能在第三章里把地球生物进化史类比成伦敦到剑桥的火车行程。罗伯茨布里奇集团的艾莉森·奥斯汀为我提供了背景材料，给了我很大鼓励。罗宾·迪恩和新西兰蜜蜂协会的威廉·米勒都不厌其烦地给我讲解了传粉的知识。

英国皇家鸟类保护协会的克里斯·鲍登和斯图亚特·布查特，以及国际鸟盟的保罗·莫林在野生动物控制害虫和疾病方面给了我很大帮助，提供了很多意见。大自然保护协会的何塞·尤尼斯、波哥大市巴伐利亚的朱莉安娜·奥坎波·赫兰，以及卡洛斯·弗洛雷斯、曼纽尔·罗德里格斯和马蒂厄·拉科斯特都出了不少力，帮我把哥伦比亚之行安排得愉快而富有成效。内尔·伯吉斯教授帮我进一步了解了雾林的重要性，对我的书稿也提出了大量意见。

英国南极科考队的阿兰·罗杰，以及英国普利茅斯海洋实验室的卡罗尔·特利博士给了我宝贵指点。约克大学的卡勒姆·罗伯茨是海洋生态系统专家，我曾多次向他请教。我跟乔·罗伊尔的谈话也非常有意思，让我了解到了很多她在海上的经历。还得感谢为我和越南渔民交谈做翻译的阮海（音译），还有一路陪我调查越南渔业管理状况的露西·霍姆斯。跟塞巴斯蒂安·特伦在华盛顿国家机场的一番聊天，也对我写海洋那章很有提点作用。位于剑桥的国民健康保险体系可持续发展部的索尼娅·拉什科尼克给我提出了宝贵意见，威廉·伯德也就“大自然如何呵护人类健康”贡献了其宝贵经验。

联合国环境规划署金融行动机构（UNEP FI）的理查德·伯里特，以及生态系统与生物多样性经济学项目的帕万·苏克德夫和约书亚·毕肖普在解释生态学和经济学的融合方面贡献良多。还要感谢卡洛斯·曼纽尔·罗德里格斯的大力协助和杰克·吉布斯有关金融体系的精辟观点。

英格兰和威尔士环境保护署的马克·埃弗拉德对本书的创作给予了全面

的指导。野生动植物保护国际的劳拉·萨默维尔及其同事埃丝特·伯特伦、罗斯·埃夫林、艾琳·帕勒姆、伊丽莎白·艾伦、阿历克斯·戴门特、鲍勃·布雷特和马克·英菲尔德，都以他们渊博的知识在本书的各个话题中给予了我帮助，比如给我讲解海带森林中海獭的影响等。尤其要感谢劳拉·萨默维尔，她帮我做了图片研究。

莱比锡的计算机景观生态学部门的约翰尼斯·福斯特为我的研究方向提供了精确指点。我的朋友大卫·爱德华兹、大卫·巴利、夏洛特·考索恩、爱德华·戴维和查尔斯王子公益机构国际可持续发展小组的克拉斯·德·沃思都从各个方面帮助了我。高级研究员、知名旅游杂志《Which？》的撰稿人凯蒂·希尔对本书的初稿提出了大量意见，在本书的叙事方式上影响非凡，帮我突出了本书的价值观念。我的朋友路易斯·贝尔也非常耐心地审阅了全书修改稿，提出了不少建议。

我还要感谢Profile出版公司的马克·埃灵厄姆，是他看到了本书标题的价值，签约并提供了无数宝贵的编辑建议。同样要衷心感谢的还有鲁斯·基利克，她为提高本书的影响力做出了不懈努力。也要感谢尼基·特怀曼非常专业的校对。

最后我还要大力感谢维丽蒂·怀特、苏·吉布森和埃莉·威廉斯在制作本书同名短片时的大力支持。短片回答了公众关于本书的一些问题（在YouTube网站搜索本书标题就可以找到）。感谢我的妻子苏·斯巴克斯在本书创作期间给予我的鼎力支持，我还要感谢我的孩子马蒂、奈和山姆的耐心，为了创作这本书，我错过了很多跟他们相处的机会。

我已竭尽所能地避免错误，若有纰漏均由我自己承担。

托尼·朱尼珀

2013年于剑桥

图书在版编目（CIP）数据

大自然为我们做了些什么 / （英）托尼·朱尼珀（Tony Juniper）著；晏向阳译. --重庆：重庆大学出版社，2024.4

（自然解读丛书）

书名原文: what has nature ever done for us?

ISBN 978-7-5689-1495-6

Ⅰ.①大… Ⅱ.①托…②晏… Ⅲ.①自然科学-普及读物 Ⅳ.①N49

中国版本图书馆CIP数据核字（2020）第139629号

大自然为我们做了些什么
DAZIRAN WEI WOMEN ZUO LE XIE SHENME
〔英〕托尼·朱尼珀 著
晏向阳 译
策划编辑：袁文华
责任编辑：袁文华 版式设计：袁文华
责任校对：谢 芳 责任印制：赵 晟
*
重庆大学出版社出版发行
出版人：陈晓阳
社址：重庆市沙坪坝区大学城西路21号
邮编：401331
电话：(023) 88617190 88617185（中小学）
传真：(023) 88617186 88617166
网址：http: //www.cqup.com.cn
邮箱：fxk@cqup.com.cn（营销中心）
全国新华书店经销
重庆正文印务有限公司印刷
*
开本：720mm×1020mm 1/16 印张：15.75 字数：218 千
2024年4月第1版 2024年4月第1次印刷
ISBN 978-7-5689-1495-6 定价：68.00元

版贸核渝字(2021)第004号